国家能源集团劳动定员标准

（下 册）

本书编委会 编

应急管理出版社

·北 京·

目　　次

（上　　册）

（下　　册）

ICS 03.100.30
G 02

国家能源投资集团有限责任公司企业标准

Q/GN 0009—2020

煤化工企业劳动定员

Personnel Quota for Coal Chemical Enterprise

2020-06-03 发布 2020-07-01 实施

国家能源投资集团有限责任公司 发 布

目　次

前　言

本标准按照 GB/T 1.1—2009 的规则起草。

本标准由国家能源投资集团有限责任公司组织人事部提出并解释。

本标准由国家能源投资集团有限责任公司科技部归口。

本标准起草单位：国家能源投资集团有限责任公司组织人事部、宁夏煤业、化工公司。

本标准主要起草人：邵俊杰、杨占军、陈志清、王琴娟、王秀元、张玉柱、汤卫林、雷少成、黄于益、李智、陆军、庞忠荣、葛涛、刘玉奇、冯澎波、李建明、戴宁海、谢敏、罗世龙、薄宏岩、边华彬、陈跃华、白逢、何宏克、唐明辉、张兴毅、张绍良、张毅、陈娟、刘锦涛、黄浩、赵小强。

本标准首次发布。

本标准在执行过程中的意见或建议反馈至国家能源投资集团有限责任公司组织人事部。

引　言

　　为适应国家能源投资集团有限责任公司改革发展要求,提升国家能源投资集团有限责任公司煤化工企业用工管理水平,优化劳动组织和人力资源配置,进一步提高劳动生产率,为国家能源投资集团有限责任公司建设世界一流示范企业提供有力支撑,特制定本标准。

　　本标准编制遵循以下原则:

　　——经济效益为中心原则。以提高生产效率、企业经济效益为出发点,努力降低管理成本,增强市场竞争力。

　　——精干高效原则。瞄准行业先进,对标国内一流,组织机构及岗位设置精干高效。

　　——科学、先进和适用原则。以科学数据为基础,既综合考虑各单位的实际情况,又符合集团公司的发展战略,充分体现定员标准的先进性和前瞻性,具有较强的适用性。

　　——全口径原则。覆盖煤化工板块生产运营所有业务及岗位。

　　——持续优化原则。根据工艺、设备、升级改造持续优化,对定员标准实行动态管理。

煤化工企业劳动定员

1　范围

本标准适用于国家能源投资集团有限责任公司所属煤化工生产企业组织机构设置、管理定员和操作岗位定员，以及全口径劳动用工管理。

2　规范性引用文件

下列文件对于本《标准》的应用是必不可少的。凡是标注日期的引用文件，仅所注日期的版本适用于本《标准》。凡是无标注日期的引用文件，其最新版本（包括所有的修改单）适用于本《标准》。

GB 26860—2011　电力安全工作规程发电厂和变电站电气部分

GB 50160—2008　石油化工企业设计防火规范

GB/T 29178—2012　消防应急救援装备配备指南

建标 152—2017　城市消防站建设标准

HG/T 23004—1992　化工企业气体防护站工作和装备标准

Q/GDW 247.1～247.7—2008　国家电网公司供电企业劳动定员标准

Q/CNPC 71—2002　石油化工机泵检修劳动定额

国家能源投资集团有限责任公司劳动用工管理暂行规定（国家能源党〔2018〕216 号）

国家电力公司火力发电厂劳动定员标准（试行）（1998 版，国电人劳〔1998〕94 号）

中华人民共和国职业大典（2015 版，中国劳动社会保障出版社）

中华人民共和国工种分类目录（1992 版，中国劳动社会保障出版社）

石油化工行业检修工程预算定额（2009 版，中国石化、冶金出版）

石油化工行业生产装置维护维修费用定额（2004 版，中国石油化工集团公司出版）

石油化工设备维护检修规程（2004 版，中国石化出版社）

3　组织机构

根据先进、实用、精简、高效的原则，煤化工生产企业采用职能部室＋生产中心（车间）的管理模式。

3.1　部门设置

3.1.1　职能部室设置

煤化工生产企业本部职能部门原则上设置 10 个，具体部门名称可根据管理模式及职责划分进行设置,即综合管理部、党建工作部(党委办公室)、纪委办公室、组织人事部(人力资源部)、财务部、内控审计部(经营管理部)、机械动力部、生产运营部(生产管理部)、质量技术部、安全环保部。

3.1.2　生产中心(车间)设置

煤化工生产企业主化工装置设置生产中心(车间)2～4个,直属机构设置包括热电生产中心(动力车间)、公用工程中心(环保储运中心)、检维修中心(机电仪中心)、质检计量中心(分析检测中心)、供销中心和消防气防中心(图1)。

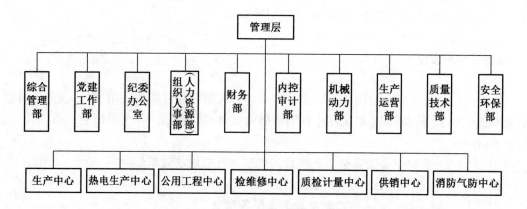

图 1　生产中心(车间)机构设置图

3.2　专业设置

3.2.1　管理类

行政、经营、计划、财务、人力资源、内控、法律、党群、纪检、生产、技术、设备、安全、环保、职业卫生健康、分析检测、质量、电气、仪表、计量、电信、工程等。

3.2.2　化工装置操作类

——煤化工:液化备煤、催化剂制备、煤液化反应、煤液化分馏、加氢稳定、加氢改质、航煤及环烷基油加氢、轻烃回收、煤制氢、天然气制氢、环保联合、费托合成、油品加工、尾气处理、煤气化(GSP、水煤浆)、净化(含硫回收)、环保三套、甲醇合成与精馏、甲醇制烯烃(MTO、MTP)、烯烃分离、乙烯裂解、烯烃联合、聚乙烯、聚丙烯、碳四综合利用、聚甲醛、合成氨、硝酸、硝铵、重整、OCU、乙二醇等。

——煤焦化:焦化配煤、炼焦、输焦、焦化燃煤(余热)锅炉、苯加氢、荒煤气净化分离、焦炉气净化、蒸馏、沥青、洗涤、脱硫、硫铵、粗苯、提盐等。

3.2.3　配套业务操作类

——热电(动力):卸储煤、化学水、锅炉、汽机、发电、脱硫脱硝、除灰等。

——公用工程(储运):空分、外供水、原水处理、消防泵站、循环水、污水处理、回用水、凝结水、蒸发塘、火炬、管网、装卸栈台、换热站、酸碱站、灰渣清运、污泥压滤、固废焚烧、渣蜡解析处理、罐区、渣场管理等。

——分析检测：原材料分析、过程分析、成品分析、环保分析、安全分析等。

——包装仓储：包装、仓储、装卸、叉车等。

——消防气防：消防救援、气体防护、消防仪器维修。

3.2.4　日常维护类

——机械维修；

——电气维修；

——仪表维修。

3.2.5　物资类

物资仓储。

3.2.6　后勤服务类

安保、运输、餐饮、住宿、办公服务等。

4　定岗、定员

4.1　管理岗位定员

4.1.1　领导班子

——行政序列：总经理、副总经理、总工程师、财务总监（总会计师）、安全总监。

——党群序列：党委书记、党委副书记、纪委书记、工会主席。领导班子职数根据企业规模大小设置为 5～8 人。

4.1.2　中层管理人员

总经理助理、副总工程师根据工作需要配置，职数从严控制，各不超过 2 人；副总经济师、副总会计师确有必要配置的，原则上各不超过 1 人。领导班子已配置总会计师、总经济师的，原则上不再配置副总会计师、副总经济师。

部门负责人：各职能部门、生产中心（车间）主任（经理）、副主任（副经理）。

4.1.3　职能部门管理人员劳动定员

4.1.3.1　职能部门管理人员定员

——业务范围：

- 行政、党群：办公、行政、党群业务、事务等；
- 管理类专业技术：经济业务人员（包括计划、统计、会计、审计商务及其他人员）、法律事务人员、人力资源管理人员、内控人员、市场营销人员、档案业务等；
- 专业技术：工艺、设备、安全、工程、电气、仪表等；

● 购销、仓储：包括采购、储运、保管等。

——定员标准：见表1。

表 1   职能部门管理人员定员表

数量级	员工人数	定员比例 ％	临界值定员
1	<1 000	8	—
2	1 000～2 000	7	80
3	>2 000	6	140

注1：适用于采用职能部室＋生产中心(车间)管理模式的生产单位,其中职能部门管理人员定员不含公司领导班子、生产调度人数。

注2：定员＝员工人数×相应定员比例。由于是按区间变化定员比例,在临界值附近,会出现多员工人数(如1 001人,乘以7％的定员比例)的定员,反而低于少员工人数(如999人,乘以8％的定员比例)的定员情况。因此,设置临界值定员,定员数低于临界值定员的,可执行临界值定员数。

4.1.3.2   职能部门管理人员文化及专业素质要求

基于《标准》较高水平的定位,上述职能部门岗位设置充分体现了精干高效的原则,要求上岗人员必须具有较高的素质,较宽的工作范围,要求上岗人员普遍达到一专多能,一岗多责水平。

具备大学本科及以上程度的管理人员比例应达到85％以上;具备中级及以上专业技术职务任职资格的人员应达到60％以上;有资质要求的管理岗位(法律、财会、统计等)上岗人员必须取得相应的任职资格。

4.1.4   生产中心(车间)管理人员劳动定员

4.1.4.1   生产中心(车间)负责人定员

各中心(车间)内实行一级管理、一级核算。生产中心(车间)设主任(经理)一名,视联合装置大小与复杂程度设副主任(副经理)0～3名。

4.1.4.2   生产中心(车间、直属机构)管理人员定员

——业务范围：工艺、设备、技术、安全、综合(行政、党群、统计等)、电气、仪表等工作。
——定员标准：见表2。

4.1.4.3   生产中心(车间)管理人员文化及专业素质要求

基于《标准》较高水平的定位,上述生产中心(车间)管理岗位体现了精干高效的原则,要求上岗人员必须具有较高的素质,较宽的工作范围,要求上岗人员普遍达到一专多能,一岗多责水平。

表 2　生产中心(车间、直属机构)管理人员定员表

数量级	操作人员数	定员比例 %	临界值定员
1	≤50	10	—
2	51～100	9	5
3	101～200	8	9
4	≥200	7	16

注 1：适用于在生产中心(车间)中从事工艺、设备、技术、安全、综合(行政、党群、统计等)工作的管理人员,不含中心负责人。

注 2：生产中心(车间)管理人员定员＝操作人员数×相应定员比例。定员数低于临界值定员的,可执行临界值定员数。

注 3：对工艺复杂且有两套及以上装置的生产中心(车间),可适当增加技术人员 3～5 人。

负责人一般应具备大学本科及以上学历;具备大学本科及以上程度的工艺、设备、安全管理人员比例应达到 85％以上;具备中级及以上专业技术职务任职资格的人员应达到 50％以上;有资质要求的管理岗位上岗人员必须取得相应的任职资格。

4.1.5　管理人员总比例

为保证人员合理配备,各类管理人员数量占员工人数(包括合同工和劳务工)的比例控制见表 3。

表 3　各类管理人员数量占员工人数(包括合同工和劳务工)的比例控制表

数量级	员工人数	定员比例 %	临界值定员
1	<1 000	<20	
2	1 000～2 000	<18	200
3	>2 000	<15	360

注 1：定员＝员工人数×相应定员比例,定员数低于临界值定员的,可执行临界值定员数。

注 2：根据《国家安全监管总局工业和信息化部关于危险化学品企业贯彻落实〈国务院关于进一步加强企业安全生产工作的通知〉的实施意见》(安监总管三〔2010〕186 号)规定,专职安全生产管理人员应不少于企业员工总数的 2％。

4.2　操作岗位定员

4.2.1　总体说明

4.2.1.1　劳动作业形式

连续性生产运行岗位采取四班三运转(四班二运转)的作业形式,非连续性工作根据实

际情况设置班次。

4.2.1.2　总体技能水平

执行本标准时,煤化工生产企业的装置操作人员中,原则上具有高级工及以上职业资格的人员达到30%左右,具有中级工职业资格的人员达到50%左右。

4.2.1.3　自动化水平与系统化操作

控制系统采用中央集控的方式。

现代煤化工生产装置自控投用率达到90%及以上,煤焦化等传统煤化工由于工艺自动控制点少,以手动操作为主。

以先进的现代化操作代替传统的岗位操作,尽量合并岗位职责相同或相类似的岗位。

4.2.1.4　生产运行工况

本定员标准按正常生产运行工况核定。

4.2.1.5　备员

本定员标准未包含备员。四班三运转(四班二运转)的运行岗位,基于公休、年休、探亲、生育、婚丧、病事等假及人才流失等因素,按10%比例配备备员。

4.2.1.6　定员方法

本定员标准的编制是在广泛调研统计同类装置各岗位工作内容、工作强度、工作范围的基础上,通过数据分析,总结岗位劳动规律,以工作总量/单位工作量为定员主导依据,结合岗位工作性质的差异,采用按岗位定员、工时定额定员、看管定额定员、比例定员等方法单一或结合使用进行。

按照集中管理的原则,依据具有完整功能的一套或一个系列装置为基准编制定员。

设置值班长岗位的,值班长和班长岗位定员不得超过按单套装置合并计算的班长岗位定员。

4.2.1.7　定员标准编制依据

影响化工装置操作定员因素较多。不同化工装置,规模布局、工艺路线、复杂程度、自动化程度、稳定程度、安全环保要求不同,定员不同。因此,产生一个综合考虑上述因素的定员公式,难度非常大,也不科学。只能在一个主导依据的基础上,具体结合不同化工装置情况,进行分别定员。

化工装置内操(中控操作工)按照装置主要控制回路数量兼顾DCS操作画面数量确定,原则上每人负责20个以上控制回路或监控15个以上DCS控制画面。大型压缩机组内操每两台设置1人/班,压缩机组数超过2台的,每增2台设外操1人。

化工装置外操(现场操作工)每班配置人数按照工时定额定员。统计岗位巡检点数量、巡检距离、正常工况下现场操作工作量、现场监护工时、其他工作消耗工时,按每人工作7 h作为基准确定定员人数,即:定员人数=(巡检工时+现场操作工时+现场监护工时+其他劳动工时)/7。

4.2.2　液化备煤装置定员

——工作范围:磨粉干燥、煤粉分离收尘、中间贮仓系统的监控、操作、巡检、表计记录、事故处理等。

——岗位设置:班长、备煤内操、备煤外操。

——定员标准:见表4。

表4　液化备煤装置定员标准

装置名称	岗位名称	定员明细			备注
		定员单位	定员	班次	
液化备煤装置	班长	人/班	1	4	
	备煤内操	人/班	$n+1$	4	$n=$磨煤机套数/3;固体物料输送1人
	备煤外操	人/班	$n+1$	4	$n=$磨煤机套数/3;固体物料输送1人
注:适用于采用"一级磨粉干燥+一级煤粉分离收尘+中间贮仓"工艺技术,6条磨煤生产线(5开1备),生产规模为加工原煤335万 t/a 的制粉装置。					

4.2.3　催化剂制备装置定员

——工作范围:煤浆制备、催化剂制备、催化剂过滤、催化剂一段干燥、催化剂二段干燥及粉碎、气力输送系统的监控、操作、巡检、表计记录、事故处理等。

——岗位设置:班长、催化剂制备内操、催化剂制备外操。

——定员标准:见表5。

表5　催化剂制备装置定员标准

装置名称	岗位名称	定员明细			备注
		定员单位	定员	班次	
催化剂制备装置	班长	人/班	1	4	
	催化剂制备内操	人/班	3	4	主操1人,副操2人
	催化剂制备外操	人/班	6	4	制浆2人,压滤2人(PLC控制引入集控室),干燥2人
注:适用于采用"煤直接液化高效催化剂"专有技术,生产能力35万 t/a 的催化剂制备装置。					

4.2.4　煤液化反应装置定员

——工作范围:油煤浆制备、反应、机组的监控、操作、巡检、表计记录、事故处理等。

——岗位设置:班长、煤液化反应内操、煤液化反应外操。

——定员标准:见表6。

表 6　煤液化反应装置定员标准

装置名称	岗位名称	定员明细			备注
		定员单位	定员	班次	
煤液化反应装置	班长	人/班	1	4	
	煤液化反应内操	人/班	5	4	主操1人,副操3人,机组1人
	煤液化反应外操	人/班	9	4	煤浆制备3人,反应3人,机组3人

注1:适用于采用具有国内自主知识产权的煤液化工艺技术,单套生产油品能力108万t/a的煤液化装置。

注2:生产油品能力超过108万t/a的煤液化装置,根据生产线的增加、装置平面布置的情况适当增加人员。

4.2.5　煤液化分馏装置定员

——工作范围:分离、常减压、油渣成型系统的监控、操作、巡检、表计记录、事故处理等。

——岗位设置:班长、煤液化分馏内操、煤液化分馏外操、油渣成型。

——定员标准:见表7。

表 7　煤液化分馏装置定员标准

装置名称	岗位名称	定员明细			备注
		定员单位	定员	班次	
煤液化分馏装置	班长	人/班	1	4	
	煤液化分馏内操	人/班	2	4	
	煤液化分馏外操	人/班	4	4	分离2人,常减压2人
	油渣成型	人/班	n	4	$n=$成型机台数/10

注1:适用于采用具有国内自主知识产权的煤直接液化工艺技术,单套生产油品能力108万t/a的煤液化装置。

注2:生产油品能力超过108万t/a的煤液化装置,根据生产线的增加、装置平面布置的情况适当增加人员。

注3:油渣成型岗位设置适用于14条线,总生产能力82 t/h的油渣成型装置。

4.2.6　加氢稳定装置定员

——工作范围:加氢稳定系统的监控、操作、巡检、表计记录、事故处理等。

——岗位设置:班长、加氢稳定内操、加氢稳定外操。

——定员标准:见表8。

表 8 加氢稳定装置定员标准

装置名称	岗位名称	定员明细			备注
		定员单位	定员	班次	
加氢稳定装置	班长	人/班	1	4	
	加氢稳定内操	人/班	3	4	主操1人,副操1人,机组1人
	加氢稳定外操	人/班	4	4	主外操1人,副操2人,加剂工1人
注: 适用于采用 Axens NA 的 T-Star 的专利技术,单套生产能力 320 万 t/a 的加氢稳定装置。					

4.2.7 加氢改质装置定员

——工作范围:加氢改质系统的监控、操作、巡检、表计记录、事故处理等。

——岗位设置:班长、加氢改质内操、加氢改质外操。

——定员标准:见表 9。

表 9 加氢改质装置定员标准

装置名称	岗位名称	定员明细			备注
		定员单位	定员	班次	
加氢改质装置	班长	人/班	1	4	
	加氢改质内操	人/班	3	4	主操1人,副操1人,机组1人
	加氢改质外操	人/班	3	4	主外操1人,副操2人
注: 适用于采用国内成熟的加氢改质工艺,单套生产能力 3 200 t/d 及以上的加氢改质装置。					

4.2.8 航煤及环烷基油加氢装置定员

——工作范围:航煤及环烷基油系统的监控、操作、巡检、表计记录、事故处理等。

——岗位设置:班长、内操、外操。

——定员标准:见表 10。

表 10 航煤及环烷基油加氢装置定员标准

装置名称	岗位名称	定员明细			备注
		定员单位	定员	班次	
航煤及环烷基油加氢装置	班长	人/班	0	4	
	内操	人/班	1	4	
	外操	人/班	2	4	
注: 适用于加工煤直接液化生产的油品,航煤进料量为 4.4 t/h,环烷基油进料量为 0.4 t/h。随着装置规模的扩大可适当增加班长一名。					

4.2.9 轻烃回收装置定员

——工作范围:轻烃回收、PSA 系统的监控、操作、巡检、表计记录、事故处理等。
——岗位设置:班长、轻烃回收内操、轻烃回收外操。
——定员标准:见表 11。

表 11 轻烃回收装置定员标准

装置名称	岗位名称	定员明细			备注
		定员单位	定员	班次	
轻烃回收装置	班长	人/班	1	4	
	轻烃回收内操	人/班	2	4	主操1人,副操1人
	轻烃回收外操	人/班	2	4	主外操1人,副操1人

注:适用于单套生产能力 30 万 t/a 及以上的轻烃回收装置。

4.2.10 煤制氢装置定员

——工作范围:备煤、气化、净化及 PSA(变压吸附)系统的监控、操作、巡检、表计记录、事故处理等。
——岗位设置:气化班长、气化内操、气化外操、净化班长、净化内操、净化外操。
——定员标准:见表 12。

表 12 煤制氢装置定员标准

装置名称	岗位名称	定员明细			备注
		定员单位	定员	班次	
煤制氢装置	气化班长	人/班	1	4	
	气化内操	人/班	4	4	主操1人,副操3人
	气化外操	人/班	6	4	磨煤系统1人,灰渣系统1人,灰水系统2人,气化系统2人
	净化班长	人/班	1	4	
	净化内操	人/班	3	4	主操1人,副操1人,机组1人
	净化外操	人/班	3	4	主操1人,副操2人(含 PSA)

注1:适用于煤气化采用 Shell 干煤粉加压气化技术,单套生产规模为生产纯氢 13 万 m^3/h。
注2:一氧化碳变换采用耐硫宽温变换串耐硫低温变换工艺,酸性气体脱除采用 Linde 低温甲醇洗工艺,冷冻系统采用氨冷技术。

4.2.11 天然气制氢装置定员

——工作范围:脱硫、转化、一氧化碳变换、脱碳、氢气提纯系统的监控、操作、巡检、表计记录、事故处理等。

——岗位设置:班长、天然气制氢内操、天然气制氢外操。

——定员标准:见表13。

表 13　天然气制氢装置定员标准

装置名称	岗位名称	定员明细			备注
		定员单位	定员	班次	
天然气制氢装置	班长	人/班	1	4	
	天然气制氢内操	人/班	3	4	主操1人,副操1人,机组1人
	天然气制氢外操	人/班	5	4	主操1人,转化2人,净化2人(含PSA)
注:适用于脱硫采用干法脱硫工艺,转化采用凯洛格工艺,一氧化碳变换采用铁铜催化剂的高变串低变工艺,脱碳采用苯菲儿热钾碱工艺,氢气提纯采用PSA工艺的天然气制氢装置,单套生产规模为产氢8万 m^3/h 的天然气制氢装置。					

4.2.12　环保联合装置定员

——工作范围:污水汽提、硫黄回收、酚回收、氨精制、气体脱硫系统的监控、操作、巡检、表计记录、事故处理等。

——岗位设置:班长、环保联合内操、环保联合外操。

——定员标准:见表14。

表 14　环保联合装置定员标准

装置名称	岗位名称	定员明细			备注
		定员单位	定员	班次	
环保联合装置	班长	人/班	1	4	
	环保联合内操	人/班	n	4	n＝装置套数/2
	环保联合外操	人/班	n	4	n＝装置套数,最少为2人以满足双人巡检
注:适用于煤直接液化的环保处理装置。					

4.2.13　费托合成装置定员

——工作范围:催化剂还原、精脱硫、费托合成、蜡过滤、尾气脱碳系统的监控、操作、巡检、表计记录、事故处理等。

——岗位设置:班长、费托合成内操、费托合成外操、催化剂还原外操、蜡过滤外操、尾气脱碳内操、尾气脱碳外操。

——定员标准:见表15。

表 15　费托合成装置定员标准

装置名称	岗位名称	定员明细			备注
		定员单位	定员	班次	
费托合成装置	班长	人/班	n	4	$n=$反应器台数/4
	费托合成内操	人/班	$2n+m$	4	$n=$反应器台数,$m=$机组数/2
	费托合成外操	人/班	$2n+m$	4	$n=$反应器台数,$m=$(机组数−2)/2
	催化剂还原外操	人/班	$2n$	4	$n=$装置系列数
	蜡过滤外操	人/班	$3n$	4	$n=$装置系列数
	尾气脱碳内操	人/班	$1.5n$	4	$n=$装置系列数
	尾气脱碳外操	人/班	$2n$	4	$n=$装置系列数

注:适用于采用费托合成工艺、400 万 t/a 煤间接液化装置。

4.2.14　油品加工装置定员

——工作范围:加氢精制、加氢裂化、低温油洗、合成水、油品提质系统的监控、操作、巡检、表计记录、事故处理等。

——岗位设置:班长、加氢精制内操、加氢精制外操、加氢裂化内操、加氢裂化外操、低温油洗、合成水内操、低温油洗、合成水外操、油品提质内操、油品提质外操。

——定员标准:见表 16。

表 16　油品加工装置定员标准

装置名称	岗位名称	定员明细			备注
		定员单位	定员	班次	
油品加工装置	班长	人/班	1	4	
	加氢精制内操	人/班	2	4	
	加氢精制外操	人/班	$2+m$	4	$m=$(加热炉−2)/2
	加氢裂化内操	人/班	2	4	
	加氢裂化外操	人/班	$4+m$	4	$m=$(加热炉−2)/2
	低温油洗、合成水内操	人/班	2	4	
	低温油洗、合成水外操	人/班	2	4	
	油品提质内操	人/班	2	4	
	油品提质外操	人/班	2	4	

注 1:适用于 400 万 t/a 煤间接液化装置。

注 2:油品提质包含轻质白油装置、C12 装置、C14 装置。

4.2.15　尾气制氢装置定员

——工作范围:膜分离、尾气气化、尾气变换、变压吸附(PSA)系统的监控、操作、巡检、表计记录、事故处理等。

——岗位设置:班长、尾气制氢内操、尾气制氢外操。

——定员标准:见表17。

表 17　尾气制氢装置定员标准

装置名称	岗位名称	定员明细			备注
		定员单位	定员	班次	
尾气制氢装置	班长	人/班	1	4	
	尾气制氢内操	人/班	3	4	
	尾气制氢外操	人/班	5	4	
注:适用于400万 t/a煤间接液化装置。					

4.2.16　煤气化装置(GSP 气化)定员

——工作范围:备煤、煤气化、灰水处理系统的监控、操作、巡检、表计记录、事故处理等。

——岗位设置:煤气化班长、备煤内操、备煤外操、煤气化内操、煤气化外操、灰水系统外操、工艺检修处置班长、工艺检修处置操作工。

——定员标准:见表18。

表 18　煤气化装置(GSP 气化)定员标准

装置名称	岗位名称	定员明细			备注
		定员单位	定员	班次	
煤气化装置(GSP 气化)	煤气化班长	人/班	n	4	n=气化炉台数/8
	备煤内操	人/班	n	4	n=备煤系列数/2
	备煤外操	人/班	n	4	n=备煤系列数/2
	煤气化内操	人/班	$1.5n$	4	n=运行气化炉台数
	煤气化外操	人/班	$2n$	4	n=运行气化炉台数,设置有工艺检修处置班(白班)时,外操人数相应核减
	灰水系统外操	人/班	$n+m$	4	n=灰水每系列2人,m=过滤机每系列1人
	工艺检修处置班长	人/班	1	1	长期有两台及以上气化炉处于检修备用状态时,可独立设置工艺检修处置班
	工艺检修处置操作工	人/班	$6n$	1	n为备用气化炉台数

注1:适用于GSP粉煤气化装置。

注2:灰水现场操作主要负责三剂添加、机泵润滑油的加注,过滤网的清理。设置2人/系列主要是由于灰水系统堵塞,过滤网清理工作量大,待工艺优化解决生产瓶颈后相应进行核减。

注3:过滤机操作主要负责现场巡检、生产故障处置、灰渣装车控制。

注4:400万 t/a煤间接液化装置灰水系列数及过滤机系列数各为7。

注5:400万 t/a煤间接液化装置,每班增设备煤班长1人。

注6:400万 t/a煤间接液化装置,变换外操每系列增设1人/班,装置运行稳定后核减。

4.2.17　煤气化装置(水煤浆加压气化)定员

——工作范围:煤浆制备、煤气化、渣水处理系统的监控、操作、巡检、表计记录、事故处理等。

——岗位设置:煤气化班长、煤气化内操、煤气化外操、工艺检修处置班长、工艺检修处置操作工。

——定员标准:见表19。

表 19　煤气化装置(水煤浆加压气化)定员标准

装置名称	岗位名称	定员明细			备注
		定员单位	定员	班次	
煤气化装置 (水煤浆 加压气化)	煤气化班长	人/班	1	4	
	煤气化内操	人/班	n	4	n 为气化炉台数
	煤气化外操	人/班	$2n+1$	4	n 为气化炉台数,设置有工艺检修处置班(白班)时,外操人数相应核减
	工艺检修处置班长	人/班	1	1	长期有两台及以上气化炉处于检修备用状态时,可独立设置工艺检修处置班
	工艺检修处置操作工	人/班	$6n$	1	n 为备用气化炉台数

注:适用于水煤浆加压煤气化装置。

4.2.18　净化装置定员

——工作范围:变换、低温甲醇洗、冷冻站、硫回收系统的监控、操作、巡检、表计记录、事故处理等。

——岗位设置:班长、净化内操、净化外操、硫黄包装。

——定员标准:见表20。

表 20　净化装置定员标准

装置名称	岗位名称	定员明细			备注
		定员单位	定员	班次	
净化装置	班长	人/班	1	4	
	净化内操	人/班	$2n+m$	4	$n=$装置系列数,$m=$压缩机组数/2
	净化外操	人/班	$2n+m+1$	4	$n=$装置系列数,$m=$(压缩机组数－2)/2,其中 1 人为硫回收外操
	硫黄包装	人/班	$3n$	1	n 为包装机台数

注 1:适用于净化装置。

注 2:本定员是按硫回收与低温甲醇洗在同一控制室操作考虑,如果硫回收操作控制不在同一控制室,增加内操一人(原则上要求集中控制)。

注 3:硫黄年产量超过 1 万 t,增加一个包装班。

注 4:硫黄年产量超过 10 万 t,每班增加内操 n 人(n 为硫回收装置套数),增加外操 $n+1$ 人。

注 5:变换系列数多于低温甲醇洗系列数的,每多 2 个系列,每班增设内操 1 人,外操 1 人。

4.2.19　环保三套装置定员

——工作范围：硫回收、酸性水汽提、氨法脱硫系统的监控、操作、巡检、表计记录、事故处理等。

——岗位设置：班长、环保三套内操、环保三套外操。

——定员标准：见表 21。

表 21　环保三套装置定员标准

装置名称	岗位名称	定员明细			备注
		定员单位	定员	班次	
环保三套装置	班长	人/班	1	4	
	环保三套内操	人/班	n	4	n＝硫回收系列数
	环保三套外操	人/班	$n+1$	4	n＝硫回收系列数

注 1：适用于 400 万 t/a 煤间接液化装置。

注 2：罐装单设。

4.2.20　甲醇合成与精馏装置定员

——工作范围：甲醇合成与精馏、氢回收系统的监控、操作、巡检、表计记录、事故处理等。

——岗位设置：班长、合成精馏内操、合成精馏外操。

——定员标准：见表 22。

表 22　甲醇合成与精馏装置定员标准

装置名称	岗位名称	定员明细			备注
		定员单位	定员	班次	
甲醇合成与精馏装置	班长	人/班	1	4	
	合成精馏内操	人/班	$2n+1$	4	n 为装置系列数，机组 1 人
	合成精馏外操	人/班	$2n$	4	n 为装置系列数

注 1：适用于甲醇合成与精馏装置。

注 2：单系列装置甲醇合成精馏装置和净化装置合并设置班长 1 人。

注 3：单套装置产能超过 60 万 t/a 的，外操定员为 $3n$。

4.2.21　甲醇制烯烃（MTO）装置定员

——工作范围：反应再生、热量回收、急冷水洗系统的监控、操作、巡检、表计记录、事故处理等。

——岗位设置：班长、甲醇制烯烃内操、甲醇制烯烃外操。

——定员标准：见表 23。

表 23   甲醇制烯烃(MTO)装置定员标准

装置名称	岗位名称	定员明细			备注
		定员单位	定员	班次	
甲醇制烯烃 (MTO)装置	班长	人/班	1	4	
	甲醇制烯烃内操	人/班	3	4	主操1人,副操1人,机组1人
	甲醇制烯烃外操	人/班	4	4	反应2人,急冷2人
注:适用于 MTO 级甲醇 180 万 t/a 的甲醇制烯烃装置。					

4.2.22 甲醇制烯烃(MTP)装置定员

——工作范围:反应再生、热量回收、急冷水洗、压缩、精馏系统的监控、操作、巡检、表计记录、事故处理等。

——岗位设置:班长、反应内操、反应外操、精馏内操、精馏外操。

——定员标准:见表 24。

表 24   甲醇制烯烃(MTP)装置定员标准

装置名称	岗位名称	定员明细			备注
		定员单位	定员	班次	
甲醇制烯烃 (MTP)装置	班长	人/班	1	4	
	反应内操	人/班	n	4	$n=$反应器台数
	反应外操	人/班	$2n$	4	$n=$反应器台数
	精馏内操	人/班	$2+m$	4	$m=$压缩机组数$/2$
	精馏外操	人/班	$3+m$	4	$m=($压缩机组数$-2)/2$
注:适用于 MTP 级甲醇 180 万 t/a 的甲醇制烯烃装置。					

4.2.23 烯烃分离装置定员

——工作范围:产品气压缩、水洗、碱洗、干燥、精馏、丙烯制冷等系统的监控、操作、巡检、表计记录、事故处理等。

——岗位设置:班长、烯烃分离内操、烯烃分离外操。

——定员标准:见表 25。

表 25   烯烃分离装置定员标准

装置名称	岗位名称	定员明细			备注
		定员单位	定员	班次	
烯烃分离 装置	班长	人/班	1	4	
	烯烃分离内操	人/班	$2+m$	4	$m=$压缩机组数$/2$
	烯烃分离外操	人/班	$3+m$	4	$m=($压缩机组数$-2)/2$
注:适用于聚合级乙烯 30 万 t/a、聚合级丙烯 30 万 t/a 的烯烃分离装置。					

4.2.24　乙烯裂解装置定员

——工作范围:原料预处理、裂解、急冷、压缩、分离、制冷和公用工程系统的监控、操作、巡检、表计记录、事故处理等。

——岗位设置:班长、反应外操、反应内操、精馏内操、精馏外操。

——定员标准:见表26。

表 26　乙烯裂解装置定员标准

装置名称	岗位名称	定员明细			备注
		定员单位	定员	班次	
乙烯裂解装置	班长	人/班	1	4	
	反应内操	人/班	n	4	$n=$裂解炉台数
	反应外操	人/班	$2n$	4	$n=$裂解炉台数
	精馏内操	人/班	$2+m$	4	$m=$压缩机组数/2
	精馏外操	人/班	$3+m$	4	$m=$(压缩机组数-2)/2

注:适用于100万 t/a乙烯裂解装置。

4.2.25　烯烃联合装置定员

——工作范围:丁二烯、OCU、芳烃抽提、废碱氧化系统的监控、操作、巡检、表计记录、事故处理等。

——岗位设置:班长、丁二烯内操、丁二烯外操、OCU 内操、OCU 外操、芳烃抽提内操、芳烃抽提外操、废碱氧化外操。

——定员标准:见表27。

表 27　烯烃联合装置定员标准

装置名称	岗位名称	定员明细			备注
		定员单位	定员	班次	
烯烃联合装置	班长	人/班	1	4	
	丁二烯抽提内操	人/班	2	4	
	丁二烯抽提外操	人/班	2+1	4	
	OCU 内操	人/班	2+2	4	主操1人,副操3人
	OCU 外操	人/班	2+2	4	主操1人,副操3人
	芳烃抽提内操	人/班	2	4	
	芳烃抽提外操	人/班	3	4	
	废碱氧化外操	人/班	1	4	

注1:适用于30万 t/a丁二烯抽提装置,20万 t/a OCU 装置,16万 t/a芳烃抽提装置。

注2:丁二烯抽提工艺成熟后,每班外操核减1人。

注3:基于OCU装置是世界首套,工艺条件在摸索阶段,待工艺成熟后,每班内操核减2人,每班外操核减2人。

4.2.26　聚乙烯装置定员

——工作范围:精制、聚合、回收、造粒、风送系统的监控、操作、巡检、表计记录、事故处理等。

——岗位设置:班长、聚乙烯内操、聚乙烯外操。

——定员标准:见表28。

表28　聚乙烯装置定员标准

装置名称	岗位名称	定员明细			备注
		定员单位	定员	班次	
聚乙烯装置	班长	人/班	1	4	
	聚乙烯内操	人/班	$2+m$	4	$m=$压缩机组数/2
	聚乙烯外操	人/班	$3+n$	4	$n=$造粒机数

注1:适用于30万 t/a 聚乙烯装置。

注2:包含碱渣焚烧装置的,每班增加外操1人。

注3:造粒机 PLC 控制系统设置在现场的,每班增设外操1人。

注4:设立过氧化物存贮站的,每班增加外操2人。

4.2.27　聚丙烯装置定员

——工作范围:精制、聚合、回收、造粒、风送系统的监控、操作、巡检、表计记录、事故处理等。

——岗位设置:班长、聚丙烯内操、聚丙烯外操。

——定员标准:见表29。

表29　聚丙烯装置定员标准

装置名称	岗位名称	定员明细			备注
		定员单位	定员	班次	
聚丙烯装置	班长	人/班	1	4	
	聚丙烯内操	人/班	$2+m$	4	$m=$压缩机组数/2
	聚丙烯外操	人/班	$3+n$	4	$n=$造粒机数

注1:适用于30万 t/a 聚丙烯装置。

注2:造粒机 PLC 控制系统设置在现场的,每班增设外操1人。

4.2.28　碳四综合利用装置定员

——工作范围:1-丁烯、MTBE、2-PH、氢气制备系统的监控、操作、巡检、表计记录、事故处理等。

——岗位设置:班长、碳四内操、碳四外操。

——定员标准:见表30。

表 30　碳四综合利用装置定员标准

装置名称	岗位名称	定员明细			备注
		定员单位	定员	班次	
碳四综合利用装置	班长	人/班	1	4	
	碳四内操	人/班	4	4	MTBE 主操 1 人,副操 1 人;2-PH 主操 1 人,副操 1 人
	碳四外操	人/班	4	4	MTBE 2 人,2-PH 2 人
注:适用于 12.5 万 t/a 混合 C4 及 MTBE、6 万 t/a 2-PH 的 C4 综合利用装置。					

4.2.29　聚甲醛装置定员

——工作范围:甲醛制备、二氧五环制备、三聚甲醛、聚合、挤压造粒、送风、焚烧、公用工程等系统的监控、操作、巡检、表计记录、事故处理等。

——岗位设置:甲醛联合班长、甲醛联合内操、甲醛联合外操、聚合班长、聚合内操、聚合外操。

——定员标准:见表31。

表 31　聚甲醛装置定员标准

装置名称	岗位名称	定员明细			备注
		定员单位	定员	班次	
聚甲醛装置	甲醛联合班长	人/班	1	4	
	甲醛联合内操	人/班	n	4	n=甲醛装置系列数
	甲醛联合外操	人/班	$n+2$	4	n=甲醛装置系列数
	聚合班长	人/班	1	4	
	聚合内操	人/班	3	4	包含送风、公用工程系统
	聚合外操	人/班	$3+m$	4	包含送风、造粒和公用工程系统,m=造粒机台数
注1:适用于甲醇制聚甲醛装置。					
注2:造粒机 PLC 控制系统设置在现场的,增设外操 1 人/班。					

4.2.30　合成氨装置定员

——工作范围:液氨合成及分离、锅炉、氨回收装置、甲醇驰放气提纯、解析气压缩及外供、冷冻机组、氮气压缩、合成气压缩机等系统监控、操作、巡检、表计记录、事故处理等。

——岗位设置:班长、合成氨内操、合成氨外操。

——定员标准:见表32。

表 32　合成氨装置定员标准

装置名称	岗位名称	定员明细			备注
		定员单位	定员	班次	
合成氨装置	班长	人/班	1	4	
	合成氨内操	人/班	2	4	
	合成氨外操	人/班	2+m	4	$m=$冰机数$/2$
注：人员成熟后，合成氨外操核减去 m。					

4.2.31　合成氨装置定员（焦化公司）

——工作范围：液氨合成及分离、锅炉、氨回收装置、甲醇驰放气提纯、解析气压缩及外供、冷冻机组、氮气压缩、合成气压缩机等系统监控、操作、巡检、表计记录、事故处理等。

——岗位设置：班长、合成氨内操、合成氨外操。

——定员标准：见表33。

表 33　合成氨装置（焦化公司）定员标准

装置名称	岗位名称	定员明细			备注
		定员单位	定员	班次	
合成氨装置	班长	人/班	1	4	
	合成氨内操	人/班	2	4	
	合成氨外操	人/班	2+m	4	$m=$机组数$/2$
注：适用于乌海能源硝铵公司 10 万 t/a 合成氨装置，现场手动操作为主，设计不先进。					

4.2.32　硝酸装置定员

——工作范围：硝酸装置氨蒸发、氧化、吸收、锅炉、尾气、硝酸灌区、机组系统的监控、操作、巡检、表计记录、事故处理等。

——岗位设置：班长、硝酸内操、硝酸外操。

——定员标准：见表34。

表 34　硝酸装置定员标准

装置名称	岗位名称	定员明细			备注
		定员单位	定员	班次	
硝酸装置	班长	人/班	1	4	
	硝酸内操	人/班	2	4	氨蒸发系统1人，氧化和吸收系统1人
	硝酸外操	人/班	2+1	4	外操2人，硝酸罐区1人
注：适用于 15 万 t/a 稀硝酸装置。					

4.2.33　硝铵装置定员

——工作范围：氨蒸发、中和、溶液蒸发、干燥、筛分、冷却、过滤、浓缩、淡化、回用、氨库球罐、氨库泵房、装卸站等系统的监控、操作、巡检、表计记录、事故处理等。

——岗位设置：班长、硝铵内操、硝铵外操。

——定员标准：见表35。

表 35　硝铵装置定员标准

装置名称	岗位名称	定员明细			备注
		定员单位	定员	班次	
硝铵装置	班长	人/班	1	4	
	硝铵内操	人/班	2	4	
	硝铵外操	人/班	2+2+1	4	外操2人，电渗析2人，造粒1人

注：适用于采用加压中和专利技术，18万 t/a 硝铵装置。

4.2.34　催化重整装置定员

——工作范围：反应系统、分馏系统、稳定系统及公用工程系统的监控、操作、巡检、表计记录、事故处理等。

——岗位设置：班长、催化重整内操、催化重整外操。

——定员标准：见表36。

表 36　催化重整装置定员标准

装置名称	岗位名称	定员明细			备注
		定员单位	定员	班次	
催化重整装置	班长	人/班	1	4	
	催化重整内操	人/班	2	4	主操1人，副操1人
	催化重整外操	人/班	2	4	

注：适用于10万 t/a 半再生催化重整装置。

4.2.35　碳四烯烃转化（OCU）装置定员

——工作范围：水洗、脱二甲醚、加氢反应系统、预处理系统、反应系统、分离系统的监控、操作、巡检、表计记录、事故处理等。

——岗位设置：班长、碳四烯烃转化内操、碳四烯烃转化外操。

——定员标准：见表37。

表 37　碳四烯烃转化(OCU)装置定员标准

装置名称	岗位名称	定员明细			备注
		定员单位	定员	班次	
碳四烯烃转化(OCU)装置	班长	人/班	1	4	
	碳四烯烃转化内操	人/班	2	4	主操1人,副操1人
	碳四烯烃转化外操	人/班	2	4	主操1人,副操1人
注:适用于碳四烯烃转化(OCU)装置。					

4.2.36　乙二醇装置定员

——工作范围:酯化单元(2套系统);羰化单元(2套系统);酯化循环气压缩单元(2套系统);草酸酯加氢单元(2套系统);加氢循环气压缩单元(2套系统);精制单元;尾气处理单元;碳酸酯回收单元;中间罐区单元;PSA单元;冷冻单元的监控、操作、巡检、表计记录、事故处理等。

——岗位设置:班长、乙二醇内操、乙二醇外操。

——定员标准:见表38。

表 38　乙二醇装置定员标准

装置名称	岗位名称	定员明细			备注
		定员单位	定员	班次	
乙二醇装置	班长	人/班	1	4	
	乙二醇内操	人/班	6	4	酯化羰化系统(含尾气处理系统、碳酸酯系统、冷冻系统、蒸汽、冷凝系统)2个系列2个主操,1个副操,加氢1人,精馏(含中间罐区)1个主操1个副操
	乙二醇外操	人/班	13	4	酯化羰化系统一系列1人,共2人;蒸汽透平机组(4台机组/2),共2人;尾气处理系统、碳酸酯系统、冷冻系统、蒸汽冷凝系统共3人,加氢一系列1人,共2人,精馏(含中间罐区)4人
注:适用于乙二醇装置。					

4.2.37　焦化配煤装置定员

——工作范围:精煤破粉、配合系统的监控、操作、巡检、表计记录、事故处理等。

——岗位设置:班长、配煤内操、破(粉)碎机操作、卸料工、配煤工。

——定员标准:见表39。

表 39 焦化配煤装置定员标准

装置名称	岗位名称	定员明细			备注
		定员单位	定员	班次	
焦化配煤装置	班长	人/班	1	4	
	配煤内操	人/班	1	4	
	破(粉)碎机操作	人/班	n	4	$n=$设备套数
	卸料工	人/班	n	4	$n=$卸料机数
	配煤工	人/班	1	4	
注:适用于焦化厂精煤破粉、配合系统。					

4.2.38 炼焦装置定员

——工作范围:原料煤装炉、焦炭产品推出、熄灭、荒煤气的导出、炉温的调节、炉体系统的监控、操作、巡检、表计记录、事故处理等。

——岗位设置:炼焦班长,炼焦内操,捣固司机,放煤工,侧装煤车司机,装煤车巡视工,除尘导烟车司机,推焦车司机,拦焦车司机,熄焦车司机,炉顶工,上升管工,炉前工,测温工,交换机工,热态班长,铁件工,热修工,门修工,调火工,粉焦抓斗机司机,机侧、焦侧清扫工,润滑工,地面除尘站班长,地面除尘站内操,地面除尘站外操,脱硫脱硝内操,脱硫脱硝外操。

——定员标准:见表40。

表 40 焦化配煤装置定员标准

装置名称	岗位名称	定员明细			备注
		定员单位	定员	班次	
炼焦装置	炼焦班长	人/班	n	4	$n=$焦炉座数
	炼焦内操	人/班	$n/2$	4	$n=$焦炉座数
	捣固司机	人/班	n	4	$n=$焦炉座数
	放煤工	人/班	$2n$	4	$n=$焦炉座数,焦炉捣固装置为固定式的,不设放煤工
	侧装煤车司机	人/班	n	4	$n=$焦炉座数
	装煤车巡视工	人/班	n	4	$n=$焦炉座数
	除尘导烟车司机	人/班	n	4	$n=$焦炉座数
	推焦车司机	人/班	n	4	$n=$焦炉座数
	拦焦车司机	人/班	n	4	$n=$焦炉座数
	熄焦车司机	人/班	n	4	$n=$焦炉座数
	炉顶工	人/班	n	4	$n=$焦炉座数
	上升管工	人/班	n	4	$n=$焦炉座数

表 40 焦化配煤装置定员标准（续）

装置名称	岗位名称	定员明细			备注
		定员单位	定员	班次	
炼焦装置	炉前工	人/班	$3n$	4	$n=$焦炉座数，分为机侧和焦侧
	测温工	人/班	$2n$	4	$n=$焦炉座数，炉膛自动测温的，不设该岗位
	交换机工	人/班	$n/2$	4	$n=$焦炉座数
	热态班长	人/班	n	1	$n=$焦炉座数
	铁件工	人/班	$2n$	1	$n=$焦炉座数
	热修工	人/班	$2n$	1	$n=$焦炉座数
	门修工	人/班	$2n$	1	$n=$焦炉座数
	调火工	人/班	$5n$	1	$n=$焦炉座数
	粉焦抓斗机司机	人/班	$n/2$	1	$n=$焦炉座数
	机侧、焦侧清扫工	人/班	$3n$	1	$n=$焦炉座数
	润滑工	人/班	$n/2$	1	$n=$焦炉座数
	地面除尘站班长	人/班	$n/2$	1	$n=$焦炉座数
	地面除尘站内操	人/班	$n/2$	4	$n=$焦炉座数
	地面除尘站外操	人/班	n	4	$n=$焦炉座数（巡检工、操作工、放灰工）
	脱硫脱硝内操	人/班	n	4	n为控制室数，氨法工艺（或者干法、半干法等工艺）
	脱硫脱硝外操	人/班	n	4	n为控制室数，含除灰系统
注1：适用于处理 100 万 t/a～200 万 t/a 的炼焦系统。					
注2：焦炉装煤车和推焦车如果为一体车，按照一台车考虑再增设 1 人。					

4.2.39 输焦装置定员

——工作范围：焦炭卸料、筛分系统的监控、操作、巡检、表计记录、事故处理等。

——岗位设置：班长、刮板机司机、振动筛操作工、放焦工。

——定员标准：见表41。

表 41 输焦装置定员标准

装置名称	岗位名称	定员明细			备注
		定员单位	定员	班次	
输焦装置	班长	人/班	1	4	
	刮板输送机司机	人/班	n	4	n为运行设备套数
	振动筛操作工	人/班	n	4	n为运行设备套数
	放焦工	人/班	1	4	
注：适用于焦化厂焦炭卸料、筛分系统。					

4.2.40　焦化厂燃煤(燃气)、余热锅炉装置定员

——工作范围:焦炉烟囱废气余热回收、现场简易除盐水装置、燃煤(燃气)锅炉系统的监控、操作、巡检、表计记录、事故处理等。

——岗位设置:班长、锅炉内操、锅炉外操。

——定员标准:见表42。

表 42　焦化厂燃煤(燃气)、余热锅炉装置定员标准

装置名称	岗位名称	定员明细			备注
		定员单位	定员	班次	
焦化厂燃煤(燃气)、余热锅炉装置	班长	人/班	1	4	余热锅炉不单设班长
	锅炉内操	人/班	n	4	n 为锅炉台数/3
	锅炉外操	人/班	n	4	n 为锅炉台数/2
注:适用于处理焦炉烟囱废气余热回收,50 t/h 以下燃煤(燃气)锅炉,包括现场简易除盐水装置,如无现场除盐水装置,每三台设置外操1人。					

4.2.41　苯加氢装置定员

——工作范围:苯加氢系统的监控、操作、巡检、表计记录、事故处理等。

——岗位设置:班长、苯加氢内操、苯加氢外操。

——定员标准:见表43。

表 43　苯加氢装置定员标准

装置名称	岗位名称	定员明细			备注
		定员单位	定员	班次	
苯加氢装置	班长	人/班	1	4	
	苯加氢内操	人/班	2	4	
	苯加氢外操	人/班	5	4	
注:适用于苯加氢处理系统。					

4.2.42　荒煤气净化分离装置定员

——工作范围:荒煤气接收、焦油生产、储存输送、循环氨水的输送、煤气的初步冷却及输送系统的监控、操作、巡检、表计记录、事故处理等。

——岗位设置:班长、冷凝鼓风主操、冷凝鼓风副操、槽区泵工、冷凝泵工、电捕工、罐区操作工、循环水操作工、消防泵工。

——定员标准:见表44。

表 44　荒煤气净化分离装置定员标准

装置名称	岗位名称	定员明细			备注
		定员单位	定员	班次	
荒煤气净化分离装置	班长	人/班	1	1	
	冷凝鼓风主操	人/班	1	4	
	冷凝鼓风副操	人/班	1	4	
	槽区泵工	人/班	1	4	
	冷凝泵工	人/班	1	4	
	电捕工	人/班	1	4	
	罐区操作工	人/班	2	4	
	循环水操作工	人/班	n	4	$n=$ 装置系列数
	消防泵工	人/班	1	4	

注: 适用于处理 55 000 m^3/h 荒煤气净化系统。

4.2.43　焦炉气净化装置定员

——工作范围:脱萘、活性炭脱硫、废水汽提、水汽站、综合加热炉、加氢精脱硫、焦炉气压缩、气柜及火炬等系统的监控、操作、巡检、表计记录、事故处理等。

——岗位设置:班长、净化转化内操、净化转化外操、脱萘、脱硫现场监护及处置、气柜及火炬。

——定员标准:见表 45。

表 45　焦炉气净化装置定员标准

装置名称	岗位名称	定员明细			备注
		定员单位	定员	班次	
焦炉气净化装置	班长	人/班	1	4	
	净化转化内操	人/班	$2n+m$	4	n 为装置系列数,m 为机组数/2
	净化转化外操	人/班	$2n+m$	4	n 为装置系列数,m 为机组数/2
	脱萘、脱硫现场监护及处置	人/班	4	1	
	气柜及火炬	人/班	2	4	

注: 适用于单套生产规模 30 万 t/a 焦炉气制甲醇焦炉气净化装置。

4.2.44　蒸馏沥青联合装置定员

——工作范围:蒸馏、沥青系统的监控、操作、巡检、表计记录、事故处理等。

——岗位设置:班长、蒸馏内操、蒸馏外操、沥青外操。

——定员标准:见表 46。

表 46　蒸馏沥青联合装置定员标准

装置名称	岗位名称	定员明细			备注
		定员单位	定员	班次	
蒸馏沥青联合装置	班长	人/班	1	4	
	蒸馏内操	人/班	n	4	n＝装置系列数
	蒸馏外操	人/班	$2n$	4	n＝装置系列数
	沥青外操	人/班	$4n$	4	n＝装置系列数,主操 1 人,副操 1 人,放料 1 人,天车 1 人
注：适用于 100 万 t 以下煤焦油蒸馏装置。					

4.2.45　洗涤装置定员

——工作范围：洗涤、工业萘系统的监控、操作、巡检、表计记录、事故处理等。

——岗位设置：班长、洗涤内操、洗涤外操、工业萘外操。

——定员标准：见表 47。

表 47　洗涤装置定员标准

装置名称	岗位名称	定员明细			备注
		定员单位	定员	班次	
洗涤装置	班长	人/班	1	4	
	洗涤内操	人/班	n	4	n 为装置系列数
	洗涤外操	人/班	$2n$	4	n 为装置系列数
	工业萘外操	人/班	$4n$	4	n 为装置系列数,主操 1 人,副操 1 人,包装 1 人,叉车工 1 人
注：适用于 10 万 t/a 洗涤、1 万 t/a 工业萘装置。					

4.2.46　脱硫装置定员

——工作范围：脱硫系统的监控、操作、巡检、表计记录、事故处理等。

——岗位设置：班长、脱硫主操、脱硫副操、硫黄包装工、加碱工。

——定员标准：见表 48。

表 48　脱硫装置定员标准

装置名称	岗位名称	定员明细			备注
		定员单位	定员	班次	
脱硫装置	班长	人/班	1	1	
	脱硫主操	人/班	1	4	
	脱硫副操	人/班	2	4	
	硫黄包装工	人/班	4	2	
	加碱工	人/班	4	2	
注：适用于处理 55 000 m³/h 的焦化厂煤气净化系统,未设控制系统,以现场手动操作为主,主要负责脱除煤气中的硫化氢并产出硫黄产品。					

4.2.47 硫铵装置定员

——工作范围:硫铵系统的监控、操作、巡检、表计记录、事故处理等。

——岗位设置:班长、饱和器工、蒸氨工、离心机工、干燥工、硫铵包装工、叉车司机。

——定员标准:见表49。

表 49 硫铵装置定员标准

装置名称	岗位名称	定员明细			备注
		定员单位	定员	班次	
硫铵装置	班长	人/班	1	1	
	饱和器工	人/班	1	4	
	蒸氨工	人/班	1	4	
	离心机工	人/班	1	4	
	干燥工	人/班	1	4	
	硫铵包装工	人/班	4	2	
	叉车司机	人/班	1	1	
注:适用于处理 55 000 m^3/h 的焦化厂煤气净化系统,未设控制系统,以现场手动操作为主,负责脱除煤气中的氨气、生产硫铵产品、处理冷鼓工段输送的剩余氨水。					

4.2.48 粗苯装置定员

——工作范围:粗苯系统的监控、操作、巡检、表计记录、事故处理等。

——岗位设置:班长、粗苯主操、粗苯副操。

——定员标准:见表50。

表 50 粗苯装置定员标准

装置名称	岗位名称	定员明细			备注
		定员单位	定员	班次	
粗苯装置	班长	人/班	1	4	
	粗苯主操	人/班	n	4	n 为装置套数
	粗苯副操	人/班	n	4	n 为装置套数
注:适用于处理 55 000 m^3/h 的焦化厂煤气净化系统,负责脱除煤气中的苯族烃,产出粗苯产品。					

4.2.49 提盐装置定员

——工作范围:提盐系统的监控、操作、巡检、表计记录、事故处理等。

——岗位设置:班长、蒸氨脱色工、浓缩调节工、离心机工、板框压滤机工、提盐包装工。

——定员标准:见表51。

表 51　提盐装置定员标准

装置名称	岗位名称	定员明细			备注
		定员单位	定员	班次	
提盐装置	班长	人/班	1	4	
	蒸氨脱色工	人/班	1	4	
	浓缩调节工	人/班	1	4	
	离心机工	人/班	1	4	
	板框压滤机工	人/班	1	4	
	提盐包装工	人/班	2	4	
注：适用于处理脱硫工段脱硫废液，提取废液中的硫氰酸铵与硫代硫酸铵，产出产品。					

4.3　配套业务操作岗位定员

4.3.1　定员标准编制依据

热电、空分、水系统等装置定员参考化工装置操作定员方法。其他装置或单元，采用岗位定员或看管定额定员。

4.3.2　热电装置定员

——工作范围：化学水、高压蒸汽锅炉、炉外脱硫脱硝、配套发电机组系统的监控、操作、巡检、表计记录、事故处理等。

——岗位设置：化学水班长、化学水内操、化学水外操、热电班长、锅炉主操、锅炉副操、锅炉巡检、汽机主操、汽机副操、汽机外操、脱硫脱硝内操、脱硫脱硝外操、硫铵包装。

——定员标准：见表52。

表 52　热电装置定员标准

装置名称	岗位名称	定员明细			备注
		定员单位	定员	班次	
热电装置	化学水班长	人/班	1	4	处理能力小于 1 000 t/h，不独立设置班长
	化学水内操	人/班	n	4	n 为控制室数
	化学水外操	人/班	n	4	n 为控制室数
	热电班长	人/班	1	4	
	锅炉主操	人/班	n	4	n 为锅炉台数
	锅炉副操	人/班	n	4	n 为锅炉台数
	锅炉巡检	人/班		4	n 为锅炉台数
	汽机主操	人/班	n	4	n 为汽轮机组数

表 52　热电装置定员标准（续）

装置名称	岗位名称	定员明细			备注
		定员单位	定员	班次	
热电装置	汽机副操	人/班	n	4	n 为汽轮机组数
	汽机外操	人/班	n	4	n 为汽轮机组数/2
	脱硫脱硝内操	人/班	n	4	n 为控制室数,氨法工艺
	脱硫脱硝外操	人/班	$2n$	4	n 为控制室数,含锅炉除灰系统
	硫铵包装	人/班	$2n+1$	1	n 为包装机台数,其中叉车工 1 人

注 1：适用于煤化工配套动力装置。
注 2：采用石灰石石膏工艺脱硫,脱硫脱硝外操增加 1 人。
注 3：考虑到硫酸铵包装岗位无法连续生产,建议采用业务外包形式。
注 4：化学水处理能力超过 1 000 t/h,内操和外操各增加 1 人。
注 5：单台发电机组低于 30 MW,每班核减汽机操作工 1 人。
注 6：脱硫脱硝有多套装置的,内操定员标准为 $n/2$,外操定员标准为 $2n$,n 为套数。
注 7：硫铵包装叉车工日包装量 400 t 以上,增设 1 人,24 h 连续作业,按 4 班配置。

4.3.3　空分装置定员

——工作范围:液氧液氮液氩副产品装车、备用空压站系统的监控、操作、巡检、表计记录、事故处理等。
——岗位设置:班长、空分内操、空分外操、液体产品装车工。
——定员标准:见表 53。

表 53　空分装置定员标准

装置名称	岗位名称	定员明细			备注
		定员单位	定员	班次	
空分装置	班长	人/班	1	4	
	空分内操	人/班	$2n$	4	n 为装置系列数
	空分外操	人/班	$2n$	4	n 为装置系列数
	液体产品装车工	人/班	2	2	

注 1：适用于内压缩流程空气分离制氧装置。
注 2：空压站连续运行的,每两台压缩机增设外操 1 人。
注 3：外压缩流程,增设外操 1 人。
注 4：400 万 t/a 煤间接液化空分装置班长设置 2 人/班。

4.3.4 公用工程装置定员

——工作范围:外供水及消防、化学水、循环水、污水处理系统的监控、操作、巡检、表计记录、事故处理等,包括外供水及消防、化学水、循环水、污水处理单元。

——岗位设置:供水班长、水源地、原水处理、消防泵站、循环水班长、循环水内操、循环水外操、污水处理班长、预处理及生化处理内操、预处理及生化处理外操、污泥处理、污水深度处理及盐结晶内操、污水一级深度处理外操、污水二级深度处理外操、盐蒸发结晶外操、污泥压滤操作、蒸发塘管理员、管网班长、管网巡检、火炬操作、换热站供热、酸碱站操作、凝结水内操、凝结水外操、渣场管理员、固废焚烧操作、渣蜡解析装置。

——定员标准:见表54。

表 54　公用工程装置定员标准

装置名称	岗位名称	定员明细			备注
		定员单位	定员	班次	
公用工程装置	供水班长	人/班	1	4	
	水源地	人/班	$m+2n$	4	$m=$深井数$/10$,n为管线百公里数
	原水处理	人/班	3	4	
	消防泵站	人/班	1	4	
	循环水班长	人/班	1	4	总规模小于 100 000 m^3/h 不独立设班长,与化学水单元合并设置班长;与化学水距离较远的,可单独设置班长
	循环水内操	人/班	n	4	n为控制室数,原则上集中控制
	循环水外操	人/班	n	4	n为循环水场套数
	污水处理班长	人/班	1	4	
	预处理及生化处理内操	人/班		4	煤制油工艺增加内操1人
	预处理及生化处理外操	人/班	n	4	$n=$每小时污水处理吨数$/200$,煤制油工艺增设1人
	污泥处理	人/班	1	4	污水处理量低于 500 t/h 的,不单设此岗位
	污水深度处理及盐结晶内操	人/班	$2n$	4	n为装置系列数
	污水一级深度处理外操	人/班	$2n$	4	n为装置系列数
	污水二级深度处理外操	人/班	$2n$	4	n为装置系列数
	盐蒸发结晶外操	人/班	$2n$	4	n为装置系列数

表 54　公用工程装置定员标准（续）

装置名称	岗位名称	定员明细			备注
		定员单位	定员	班次	
公用工程装置	污泥压滤操作	人/班	n	4	$n=$压滤机台数/6
	蒸发塘管理员	人/班	2	1	适用于近零排放标准的化工企业,有事故池的可增设1人
	管网班长	人/班	1	4	
	管网巡检	人/班	n	4	$n=$管廊长度总千米数/2
	火炬操作	人/班	1	4	有气柜增加1人
	换热站供热	人/班	n	4	n为换热站数
	酸碱站操作	人/班	2	4	
	凝结水内操	人/班	1	4	适用于凝结水集中处理的化工企业
	凝结水外操	人/班	1	4	
	渣场管理员	人/班	2	1	有危废/干盐填埋场可增设1人
	固废焚烧操作	人/班	2	4	同样适用于废碱液掺烧,有飞灰固化操作的可增设人员
	渣蜡解析操作	人/班	4	4	原料破碎及运输1人,进料1人,内操控制1人,渣处理1人

注1：适用于煤化工供水装置。
注2：新鲜水池与消防水池临近,外供水与消防泵站合并设置1人。
注3：原水泵站距离较远且需增压的,原水处理每班增设1人。
注4：原水池与消防泵站异地建设的,每班增加操作工1人。
注5：厂外总火炬异地建设的,按套数单设操作工。
注6：水封罐及分离罐台数≥5台的,火炬操作每班增设1人。
注7：凝结水站带化学水处理设施的,每班增设1人。
注8：凝结水外操,根据装置规模适当增设1人。

4.3.5　储运装置

——工作范围：储运系统的监控、操作、巡检、表计记录、事故处理等。

——岗位设置：地磅管理员、地磅计量员、灌装班长、灌装工、开票员、螺旋卸煤机操作、翻车机操作、底开门机、煤(焦)场管理员、煤焦炭火车栈台协调员、燃料煤、原料煤破碎、配煤、堆取料机、煤运班长、输煤中控内操、皮带输送操作、推煤司机、硫酸亚铁配送、罐区操作、灰渣清运、液化气灌装站、天然气配送、厂外巡线工。

——定员标准：见表55。

表 55　储运装置定员标准

装置名称	岗位名称	定员明细			备注
		定员单位	定员	班次	
储运装置	地磅管理员	人/班	1	1	
	地磅计量员	人/班	n	4	n 为地磅(轨道衡)台数
	灌装班长	人/班	1	4	
	灌装工	人/班	n	4	$n=$火车灌装鹤位/10＋汽车灌装鹤位/5,最低 2 人,含洗槽
	开票员	人/班	1		
	螺旋卸煤机操作	人/班	n	4	$n=$卸煤机运行台数
	翻车机操作	人/班	$2n$	4	$n=$翻车机台数(PLC 控制)
	底开门机	人/班	$2n$	4	$n=$火车列数
	煤(焦)场管理员	人/班	n	4	$n=$年汽车运煤量/100 万 t
	煤焦炭火车栈台协调员	人/班	n	4	$n=$火车栈台数
	燃料煤、原料煤破碎	人/班	1	4	
	配煤	人/班	n	4	n 为控制室数
	堆取料机	人/班	n	4	n 为堆取料机台数
	煤运班长	人/班	1	4	
	输煤中控内操	人/班	n	4	n 为控制室数
	皮带输送操作	人/班	n	4	$n=$皮带条数/3,单条长度超过 1 000 m 增加 1 人
	推煤司机	人/班	n	4	$n=$年汽车运煤量/50 万 t
	硫酸亚铁配送	人/班	n	4	适用于煤直接液化装置
	罐区操作	人/班	n	4	$n=$罐数量/10,最低 2 人
	灰渣清运	人/班	n	3	$n=$日出渣吨量/100
	液化气灌装站	人/班	$2n$	4	n 为灌装口数,含开票
	天然气配送	人/班	n	4	n 为配送站数
	厂外巡线工	人/班	n	4	$n=$公里数/50

注 1:本装置采用看管设备台数的定额定员标准。

注 2:灌装岗位包括车辆检查、装卸、检尺、铅封、洗车等。

注 3:翻车机自动挂钩时,每台翻车机设置 1 人。

注 4:有自有牵引机车的,增加 $2n$,n 为牵引机车数量。

注 5:罐区超过 50 个罐的,设置罐区班长;含固污油及油煤浆罐,每 5 个罐增设内操 1 人。

注 6:地磅计量员(汽车衡)及相关岗位,年运量 50 万 t 以下的,设置 1 班;年运量 50 万 t 以上的,设置 2 班。轨道衡岗位,设置 4 班。易凝固的液体运输,设置 2 班。

4.3.6　分析检测操作定员

4.3.6.1　工作范围

负责对原材料、过程控制、成品、环境监测、职业卫生、安全分析等进行检验检测。

4.3.6.2　定员公式

$$分析检测操作定员＝日平均工时/7.5$$

4.3.6.3　日平均工时统计依据

日平均工时统计包含以下部分：

——采样工时：采样工时根据采样距离、采样时间核算。公式如下：

$$采样工时 ＝ 路程往返时间 ＋ \sum 样品数量 \times 单个样品采样时间$$

式中：过程控制样品、原材料和产品及其余样品采样工时参照表56。

表 56　采样工时核算参照表

项目	采样距离 km	路程往返时间 min/(人·次)	单个样品采样时间 min	核算工时标准 min
过程控制 样品	采样距离≤5	30	5	30(人/次)＋5×样品数量
	采样距离>5	45	5	45(人/次)＋5×样品数量
原材料和 产品	采样距离≤5	30	30	30(人/次)＋30×样品数量
	5<采样距离≤10	45	30	45(人/次)＋30×样品数量
	10<采样距离≤20	60	30	60(人/次)＋30×样品数量
	采样距离>20	路程时间	30	路程时间＋30×样品数量
注：无机动采样车辆可根据实际现场情况核定工作量和人员。				

——检测工时：分析检测日平均工作量按照（附录 D《检测项目工时清单》）及《分析检验
计划》正常开车时分析频次进行统计。

4.3.6.4　岗位分类

岗位分类无特定要求，可按照各自化验室的分工情况进行分类。

4.3.6.5　统计办法

工时统计按照有固定分析频次和无固定频次样品分别进行统计，具体如下：

——有固定分析频次的样品根据分析频次和项目工时折算成日工作量，再按岗位汇总
成总日工作量（年工作日 330 天折算）。

——无固定分析频次样先在 Lims 系统中或分析台账中统计年工作量，然后除以年工作日
250 折算成日工作量，年工作总量参照上一年度生产正常运行的实际检测数量。

职业卫生监测的工作量若已有分析检验计划,按照固定频次样品统计。

安全分析已纳入分析检验计划的,按照固定频次样品进行统计。

关于同一时间分析多个平行样的分析项目工时核定说明(表57):

——煤的工业分析、元素分析等可批量处理项目,按每6次计为1个项目工时,其他分析项目(包括制样)按单个项目独立核算工时。去煤矿采样距离大于10 km的,每次增加2 h采样工时。

——采用色谱仪进行批量分析的,按每4次计为一个项目的工时,以该4个项目中最长分析时间的项目工时计。

——pH、电导等电极法和分光光度法的项目,按每2次计为一个项目的工时,其他分析项目按单个项目独立计算工时。

——其他所有分析项目均按照单个项目独立计算工时;无法批量分析的,按照实际工作量单独核算。

表 57　同一时间可以分析多个平行样的分析项目工时统计示例

项目名称	项目工时 h	日分析频次 个	日工时 h	最终日工时/小时 (考虑平行样)	备注
气体中 O_2、N_2、CO、H_2、CO_2、CH_4、C_2H_6 分析	0.5	30	15	$15 \div 4 = 3.75$	气体气相色谱仪4个平行样计一个工时,日工时除以4
循环水 pH 值的测定	0.1	20	2	$2 \div 2 = 1$	水样分析中 pH 值2个平行样计1个工时,日工时除以2

注 1:330 天为年度工作日数,1 年 365 天扣除大检修 35 天。

注 2:250 天为年度工作日数,1 年 365 天扣除双休日 $52 \times 2 = 104$ 天,扣除法定节假日 11 天。

4.3.7　包装仓储操作定员

——工作范围:固体产品的包装与仓储系统的操作、巡检、表计记录、事故处理等。

——岗位设置:库管员、物资库房叉车工、双聚包装班长、双聚包装、双聚仓储班长、双聚叉车工、双聚入库管理、装车协调员、装车工。

——定员标准:见表58。

表 58　包装仓储操作定员标准

装置名称	岗位名称	定员明细			备注
		定员单位	定员	班次	
包装仓储	库管员	人/班	n	1	n=库房数
	物资库房叉车工	人/班	n	1	n=仓库数/3
	双聚包装班长	人/班	1	4	
	双聚包装	人/班	$2n$	4	n 为包装线系列数(缝纫包装),热压封口定员减半
	双聚仓储班长	人/班	2	1	

表 58　包装仓储操作定员标准（续）

装置名称	岗位名称	定员明细			备注
		定员单位	定员	班次	
包装仓储	双聚叉车工	人/班	$2n$	4	n 为包装线系列数
	双聚入库管理	人/班	2	4	
	装车协调员	人/班	2	2	
	装车工	人/班	n	1	$n=1$ 人/75 t
注：适用于固体产品的包装与仓储。					

4.3.8　消防气防定员

4.3.8.1　工作范围

负责企业事故应急救援，应急预案的演练，员工消防安全知识培训，消防气防设施安全检查等。

4.3.8.2　定员依据

定员依据包含以下内容：

——消防站分类依据：根据《城市消防站建设标准》（建标 152—2017）规定："消防站分为普通消防站、特勤消防站和战勤保障消防站三类（以下简称普通站、特勤站和战勤保障站）。普通消防站分为一级普通消防站、二级普通消防站和小型普通消防站（以下简称一级站、二级站、小型站）"。

——消防站组建数量标准依据：根据《石油化工企业设计防火规范》（GB 50160—2008）规定："消防救援中队服务范围应按行车路程计，行车路程不宜大于 2.5 km，并且接火警后消防车到达火场的时间不宜超过 5 min"。

——消防站车辆、人员数量配备依据：根据《城市消防站建设标准》（建标 152—2017）规定："消防站配备车辆数及一个班次执勤人员按各站所配车辆平均每车 6 人计算"，一个班次同时执勤的人数标准见表 59。

表 59　消防气防定员标准

消防站类别	普通站			特勤站、战勤保障站
	一级站	二级站	小型站	
消防车辆数	5～7 辆	2～4 辆	2 辆	8～11 辆
单班执勤人数	30～45 人	15～25 人	15 人	45～60 人
注：一个班次执勤人员按所配车辆平均每车 6 人计算。				

——消防车类型配备依据：

• 《城市消防站建设标准》（建标 152—2017）规定："普通消防站装备的配备应适应

扑救本辖区内常见火灾和处置一般灾害事故的需要。特勤消防站装备的配备应适应扑救特殊火灾和处置特种灾害事故的需要"。

- 《消防应急救援装备配备指南》(GB/T 29178—2012)规定：消防应急救援车辆配备种类见表60。

表60　消防应急救援车辆配备种类

装备名称	灾害事故类别							
	危险化学品事故	交通事故	建筑物倒塌事故	自然灾害				社会救助事件
				水灾及其次生灾害	泥石流及其次生灾害	地震及其次生灾害	风灾及其次生灾害	
水罐消防车	√							√
泡沫消防车	√	√						
举高喷射消防车	√		√			√		
登高平台消防车		√	√			√	√	√
云梯消防车			√			√	√	√
抢险救援消防车	√	√	√	√	√	√	√	
排烟消防车	√					√		
照明消防车	√	√	√	√	√	√	√	√
化学救援消防车	√							
洗消消防车	√							
侦查消防车	√							
通信指挥消防车	√	√	√	√	√	√	√	√
器材消防车	√		√					
供液消防车	√		√			√		√
供气消防车	√							
自装卸式消防车	√		√	√	√	√	√	
运兵车			√	√	√	√	√	
装备抢修车								
加油车					√	√		
注："√"表示相应灾害事故类别应配备的装备。								

4.3.8.3　危化消防气防救援定员单位设置

根据消防气防相关规定,结合煤化工消防救援特点及管理模式,本标准以消防气防救援中队为单位设定定员总人数,各救援中队可根据实际情况设定班组。

4.3.8.4　消防救援定员

——工作范围:负责企业事故应急救援,应急预案的演练,员工消防安全知识培训,消防设施安全检查。

——岗位设置:消防员、救援车辆驾驶员。

——定员标准:见表61。

表 61　危化消防气防救援定员标准

装备车辆名称	岗位名称	定员明细			备注
		定员单位	定员	班次	
泡沫消防车	消防员	人/班	4	2	主战车辆
	救援车驾驶员	人/班	1	2	
举高类消防车	消防员	人/班	2	2	主战车辆
	救援车驾驶员	人/班	1	2	
三项射流消防车	消防员	人/班	2	2	主战车辆
	救援车驾驶员	人/班	1	2	
气防车	消防员	人/班	2	2	主战车辆
	救援车驾驶员	人/班	1	2	
抢险救援消防车	消防员	人/班	4	2	主战车辆
	救援车驾驶员	人/班	1	2	
通信指挥消防车	消防员	人/班	2	2	主战车辆
	救援车驾驶员	人/班	1	2	
水罐消防车	消防员	人/班	4	2	没有泡沫车的水罐车为主战车辆
	救援车驾驶员	人/班	1	2	
干粉消防车	消防员	人/班	4	2	没有三项射流消防车的干粉消防车为主战车辆
	救援车驾驶员	人/班	1	2	
照明消防车	救援车驾驶员	人/班	1	2	
洗消消防车	消防员	人/班	1	2	
	救援车驾驶员	人/班	1	2	
供气消防车	消防员	人/班	1	2	辅助车辆驾驶员兼任操作员
	救援车驾驶员	人/班	1	2	
供液消防车	消防员	人/班	2	2	
	救援车驾驶员	人/班	1	2	

表 61　危化消防气防救援定员标准（续）

装备车辆名称	岗位名称	定员明细			备注
		定员单位	定员	班次	
器材消防车	消防员	人/班	1	2	
	救援车驾驶员	人/班	1	2	
涡喷消防车	消防员	人/班	1	2	辅助车辆驾驶员兼任操作员
	救援车驾驶员	人/班	1	2	
登高平台消防车	消防员	人/班	2	2	
	救援车驾驶员	人/班	1	2	

注1：各应急救援队伍依据管辖范围内最大火灾所需第一出动力量及辅助车辆确定具体车辆数量。

注2：主战车辆配备人数按本标准执行。其他车辆为辅助车辆,辅助车辆按2车配备人员,其他辅助车辆只配备驾驶员。

注3：消防员中包含班组长。

注4：本标准2班制只确定总定员人数,不对轮班制做规定,各救援中队可根据实际情况确定轮班制度。

4.3.8.5　气体防护定员

——工作范围:负责危险化学品事故中中毒、窒息等事故现场抢救,消防救援中队及辖区范围的所有空气呼吸器的维修、保养、充填。

——岗位设置:气防员。

——定员标准:见表62。

表 62　气体防护定员标准

业务名称	岗位名称	定员明细			备注
		定员单位	定员	班次	
气体防护	气防员	人/班	2	2	

4.3.8.6　消防仪器维修定员

——工作范围:负责消防器材维护、保养、维修、校验、使用前的检查及保管。

——岗位设置:消防仪器维修工。

——定员标准:见表63。

表 63　气体防护定员标准

业务名称	岗位名称	定员明细			备注
		定员单位	定员	班次	
消防仪器维修	消防仪器维修工	人/班	1	2	

4.4 日常维护操作岗位定员

4.4.1 机械维修定员

——工作范围：

- 适用于煤化工企业（煤直接液化、煤制甲醇、煤制烯烃等）与生产运行相关的动静设备专业年度维护维修定员，不包括装置停工大检修、一次性业务外包、小专业业务外包等使用修理费据实结算或签订合同的业务。
- 传动设备专业维护维修范围包括装置区内所有传动设备的巡检、监测、保养、维护、维修、运输等工作，包括电动机的巡检、轴承更换。
- 静设备专业维护维修范围包括装置区内所有生产工艺设备及其附件、管道及管道配件、钢结构等以及各种为生产服务的维护、修理与更换，包括仪表阀门的下线、回装。

——岗位设置：传动设备、静设备。

——定员标准：参照如下公式：

$$装置年度维护维修定员 = \frac{装置年度维护维修消耗工日}{250\ 天}$$

式中：250 天为年度工作日数，一年 365 天扣除双休日 52×2＝104 天，扣除法定节假日 11 天。

4.4.1.1 传动设备专业定员

装置年维护维修消耗工日：

装置年维护维修消耗工日 $= \sum$ 设备数量×（巡检＋状态监测＋值班工日）$+ \sum$ 设备数量 × 故障频率 × 单项故障处理消耗工日。

公式参数解释及统计方法：

装置年维护维修消耗工日：每年对所有传动设备进行巡检、状态监测、故障处理等所消耗的总工日。

设备数量：即所有传动设备的总和。按设备结构复杂程度、检修难易程度、检维修工日多少等分为复杂传动设备和一般传动设备两大类。其中结构简单、维修方便、检维修工日较少的传动设备为一般传动设备。根据传动设备台账统计出复杂传动设备和一般传动设备台数。

巡检：根据各装置规定的检查路线，定期检查各类设备的声音、压力、温度、润滑、振动等情况是否异常，检查备用设备是否处于完好状态，检查各类设备的跑、冒、滴、漏情况。巡检时通过眼看、耳听、手摸、鼻闻等方法，掌握设备的运行和备用情况，做好相应的巡检记录。巡检发现问题要及时处理，无法处理的要及时反映。

状态监测：即使用测温（振）仪、转速表等监测仪器定期对传动设备进行监测并做出分析判断。状态监测仅含点检部分，不包括使用"运行设备收集采集故障诊断系统"所发生的工日。

值班：为了保障生产装置长周期正常运转，及时维护维修而发生必要的全天候值守。

故障处理：指设备在生产运行过程中出现异常及跑、冒、滴、漏等故障的修理工作。

故障频率:所有设备每年发生故障的频次。统计方法按以下两类情况进行取定:

——新建项目:故障频率的统计工作是在进行调研收集资料的基础上,按同规模、同类型装置各种设备不同的故障类型分别统计、整理归类的。经专业人员讨论分析,结合有关规范、规程取定了每类设备各种故障发生的次数平均频率。

——生产运行装置:故障频率的统计是各类设备在上一年度一整年(12 个月)发生故障总数与设备总数的比值,即:

$$故障频率 = \frac{上一年度一整年发生故障总数}{设备总数}$$

传动设备上一年度一整年(12 个月)发生的故障总数的统计范围按本标准适用范围参考附录 B《传动设备故障类型表》进行,超出适用范围不予统计,如遇装置大修月可按往年同比统计故障次数进行补充。分别计算出复杂传动设备和一般传动设备的故障频率。

单项故障处理消耗工日:根据故障类型实际发生的情况,结合有关定额、法规及施工方案,综合取定相应单项故障处理所需的工日消耗量,即:

$$单项故障处理消耗工日 = \frac{\sum 年度设备故障处理总消耗工日 \times 设备比例}{年度设备故障总数}$$

其中,设备比例是指复杂传动设备或一般传动设备中的设备细化分类的比例,例如复杂传动设备根据故障处理消耗工日的多少分为 a、b 两类,则设备比例为 a 类或 b 类设备数量与复杂传动设备总数量的比值。

年度设备故障总消耗工日是相应类别设备年度处理故障消耗工日累加值,计算每项故障消耗工日时根据故障类型判定设备大、中、小修,再依据《石油化工行业检修工程预算定额(2009 版)》中相应检修子目中的人工费进行折算。

巡检、状态监测(点检)、值班等工日取定:依据《石油化工行业生产装置维护维修费用定额》(2004 版)每台设备每年巡检为 2.16 工日;每台设备每年状态监测人工 0.45 工日;每台设备每年值班 6.74 工日。

根据《石油化工设备维护检修规程》(2004 版)和煤直接液化装置、煤制甲醇装置、煤制烯烃装置等实际情况,经专业人员讨论分析对故障频率和单项故障消耗工日见表 64。

表 64　故障频率和单项故障消耗日

项目	复杂传动设备故障频率	一般传动设备故障频率	复杂传动设备单项故障消耗工日	一般传动设备单项故障消耗工日
取值	1.7	1.24	14.7	5.8

4.4.1.2　静设备专业定员

装置年维护维修消耗工日:

装置年维护维修消耗工日 $= \sum$ 设备数量 $\times$ 单项故障处理消耗工日 $\times$ 故障频率

公式参数解释:

装置年维护维修消耗工日:每年对所有静设备进行检查、故障处理等所消耗的总工日。

设备数量:即所有静设备的总和。按检修的频次、难易程度将静设备分为压力管道类

（含管件、阀门、管道过滤器）、换热设备类和其他类。根据静设备台账统计出压力管道（含阀门、管件、管道过滤器，不包含伴热线）长度（单位 10 m）、换热设备类数量和其他类静设备数量。

故障处理：指静设备在生产运行过程中出现异常及跑、冒、滴、漏等故障的修理工作。

故障频率：所有设备每年发生故障的频次。统计方法按以下两类情况进行取定：

——新建项目：故障频率的统计工作是在进行调研收集资料的基础上，按同规模、同类型装置各种设备不同的故障类型分别统计、整理归类的。经专业人员讨论分析，结合有关规范、规程取定了每类设备各种故障发生的次数平均频率。

——生产运行装置：故障频率的统计是各类设备在上一年度一整年（12 个月）发生故障总数与设备总数的比值，即：

$$故障频率 = \frac{上一年度一整年发生故障总数}{设备总数}$$

静设备上一年度一整年（12 个月）发生的故障总数的统计范围按附录 C《静设备故障处理工作内容表》进行，超出附录 C 范围不予统计，如遇装置大修月可按往年同比统计故障次数进行补充。如果因生产需要而发生的倒盲板、拆装作业、倒运作业等按发生故障统计。

单项故障处理消耗工日：根据故障类型实际发生的情况，结合有关定额、法规及施工方案，综合取定相应单项故障处理所需的工日消耗量，即：

$$单项故障处理消耗工日 = \frac{\sum 年度设备故障处理总消耗工日 \times 设备比例}{年度设备故障总数}$$

年度设备故障总消耗工日是相应类别设备年度处理故障消耗工日累加值，计算每项故障消耗工日时依据《石油化工行业检修工程预算定额（2009 版）》中相应检修子目中的人工费进行折算。

根据《石油化工设备维护检修规程》（2004 版）和煤直接液化装置、煤制甲醇装置、煤制烯烃装置等实际情况，经专业人员讨论分析对故障频率和单项故障消耗工日见表 65。

表 65　故障频率和单项故障消耗工日

项目	管道类故障频率	换热设备类故障频率	其他类静设备故障频率	管道类单项故障消耗工日	换热设备类单项故障消耗工日	其他类静设备单项故障消耗工日
取值	0.43	0.33	0.42	3.16	20.98	10.86

4.4.1.3　其他

定员中不包括阀门试压、安全阀校验、机械加工、缠绕垫制作、特种生产车辆、转子动平衡、状态监测项目，上述项目人员单独核算或业务外委。

泵检修中大修不包括 500 kW 及以上单级泵、300 kW 及以上多级泵，上述项目人员单独核算或业务外委。

4.4.2　电气维修定员

4.4.2.1　电气专业岗位设置及工作范围

总变电站运行监控岗位：负责总变电站电气设备的运行监视、停送电切换操作、故障事故处理、巡回检查、票据办理验收、电气设备状态监测、记录填写和卫生清理等。

发电及厂用电运行监控岗位:负责发电及厂用电气设备运行状态参数的监视调整、停送电切换操作、故障事故处理、巡回检查、票据办理验收、电气设备状态监测、记录填写和卫生清理等。

装置区域变电站运行监控岗位:负责装置区域变电站电气设备的运行监视、停送电切换操作、故障事故处理、巡回检查、票据办理验收、电气设备状态监测、记录填写和卫生清理等。

电气设备维修岗位:负责电气设备的维护检修、维护保养、照明维护、故障事故处理、电气设备消缺、巡回检查、票据办理作业验收、现场电气设备状态监测、记录填写和专区卫生清理等。

电气设备试验岗位:负责电气设备一、二次试验,包括电力设备预防性试验、继电保护试验、电气表计校验、保护及工作接地电阻测试、电气安全用具定期试验、故障事故处理试验,以及试验设备维护保养、试验记录填写、油样和定期检验设备送检等工作。

机泵一体化检修管理模式:泵体、压缩机、汽机和电动机检修属于一个钳工作业队伍完成的管理模式,其中电动机检修包括轴承更换、端盖、风扇及轴修理等;电动机绕组维修、测试、拆接线等由电工负责。本定员标准不包括电动机轴承更换维修人员。

电动机检修电气管理模式:电动机的巡检、润滑保养、轴承更换,端盖、风扇及轴修理,绕组维修、测试、拆接线等由电工负责,增加电机检修班组。定员标准参照传动设备专业检修定员公式,电动机年度维护消耗工日按照《电气专业劳动定员测算标准表》执行。

电气运行、电气维修一体化管理模式:电气运行、电气维修作为一个班组整体管理的模式。

4.4.2.2 电气专业班组设置

总变电站、发电厂用电、装置区域负荷中心变电站、厂外 110 kV 及以上电压等级变电站,按有人值守岗位编制劳动定员标准,其他变电所按无人值守编制劳动定员标准。

总变电站和发电厂用电设立电气运行监控岗位班组、电气设备维修岗位班组。

装置区域负荷中心变电站一般设立电气运行监控岗位、电气设备维护检修岗位班组,结合装置规模进行划分如下:

——大型企业:电气运行、电气维修一体化班组管理模式;

——中小企业:装置区域的电气运行监控,由总变电站运行班组负责管理。

厂外 110 kV 及以上电压等级变电站设立电气运行监控岗位、电气设备维护检修岗位,实行电气运行、电气维修一体化班组管理模式。

全厂设立电气设备试验班组,负责全厂电气设备试验、继电保护试验等工作。

4.4.2.3 电气班组劳动定员测算

测算的目的是评估全厂电气专业人员数量。具体测算见附录 E《电气专业劳动定员测算标准表》,结合下面描述测算:

——测算项目及内容如下:

• 按照全厂或者区域单元范围测算,测算项目包括:上述范围内的电气设备数量统计、变电站(所)数量统计、监控点统计等,以及电气设备维护保养、巡回检查、故障消缺处理、临时用电接拆线耗时统计等。

——测算岗位模块划分如下：

- 按照上述电气岗位班组的划分原则，测算分为：电气设备维修、电气试验、电气运行 3 个模块核算单元。

——测算方法及公式如下：

- 参照相关标准及以往经验数据，电气设备及主要工作项目的电气维修、电气试验及电气运行综合工日标准已经核定。只需要填写电气设备台数，计算电气设备及主要工作项目的年度累计综合工日，用人均年度 250 个综合工日除以年度累计综合工日，测算出 3 个模块人数，相加后评估出全厂电气总人数。

- 测算公式：

$$A = K \sum \frac{B_n D_n}{T} = K \sum \left(\frac{B_1 D_1 + B_2 D_2 + \cdots + B_n D_n}{T} \right)$$

$$A = \sum \frac{B_n D_n}{T} = \sum \left(\frac{B_1 D_1 + B_2 D_2 + \cdots + B_n D_n}{T} \right)$$

式中：

A——劳动定员人数；

B——电气设备台数和主要工作量核算项目；

D——定额年综合工日；

T——人员年工作日（250 工日）；

K——调节系数（全厂测算时取 1，测算厂内区域单元取 0.8～1）。

4.4.2.4　总变电站运行监控班组和发电厂用电运行监控班组定员

——工作范围：负责总变电站和发电厂用电系统停送电切换操作、巡检等。

——岗位设置：班长、电气运行值班长、电气运行值班员、发电厂用电运行值班长、发电厂用电运行监控主操作、发电厂用电运行操作及巡检。

——定员标准：见表 66、表 67。

表 66　总变电站运行监控班组定员

装置名称	岗位名称	定员明细			备注
		定员单位	定员	班次	
总变电站运行监控	班长	人/班	1	1	
	电气运行值班长	人/班	1	4	
	电气运行值班员	人/班	2	4	
注 1：总变电站与发电厂用电系统运行监控各自独立分开模式，设立总变电站、发电厂用电运行监控班组。					
注 2：上述是按监控总变电站内及下侧 20 个子站设立的值班人员。					
注 3：站内主变压器 10 台及以上的，每个班增加 1 人。					
注 4：每增加监控子站 15 个，每个班增加 1 人。					

表 67 发电厂用电运行监控班组定员

装置名称	岗位名称	定员明细			备注
		定员单位	定员	班次	
发电厂用电运行监控	发电厂用电运行值班长	人/班	1	4	
	发电厂用电运行监控主操作	人/班	1	4	
	发电厂用电运行操作及巡检	人/班	2	4	
注1：总变电站与发电厂用电系统运行监控各自独立分开模式，设立总变电站、发电厂用电运行监控班组。 注2：上述是按发电机组 2×50 MW 或 2×100 MW 设定的发电厂用电运行监控人员。 注3：每增加 1 台 100 MW 及以上功率机组，或者增加 2 台 50 MW 机组每班增加 1 人。					

4.4.2.5 总变及发电运行监控班组定员

——工作范围：负责总变电站和发电机系统停送电切换操作、巡检等工作。

——岗位设置：班长、总变及发电运行值班长、总变及发电运行值班员、总变及发电运行操作及巡检。

——定员标准：见表68。

表 68 总变及发电运行监控班组定员

装置名称	岗位名称	定员明细			备注
		定员单位	定员	班次	
总变及发电运行监控	班长	人/班	1	1	
	总变及发电运行值班长	人/班	1	4	
	总变及发电运行值班员	人/班	2	4	
	总变及发电运行操作及巡检	人/班	2	4	
注1：总变电站与发电运行监控合并模式，设立总变及发电运行监控班组。 注2：上述是按监控总变电站内及下侧20个子站、发电机组 2×50 MW 或 2×100 MW 设立的值班人员。 注3：每增加监控子站15个，每个班增加1人。 注4：每增加 1 台 100 MW 及以上功率机组，或者增加 2 台 50 MW 机组每班增加 1 人。					

4.4.2.6 全厂电气运行监控班组定员

——工作范围：负责总变电站、发电机系统、装置区变电所停送电切换操作、巡检等工作。

——岗位设置：班长、电气运行值班长、电气运行值班员、电气现场操作及巡检。

——定员标准：见表69。

表 69 全厂电气运行监控班组定员

装置名称	岗位名称	定员明细			备注
		定员单位	定员	班次	
全厂电气运行监控	班长	人/班	1	1	
	电气运行值班长	人/班	1	4	
	电气运行值班员	人/班	1	4	
	电气现场操作及巡检	人/班	2	4	

> **注 1**：总变电站与发电运行监控合并模式,并且还负责装置区变电所的运行操作,设立全厂电气运行监控班组。
>
> **注 2**：上述是按监控总变电站内及下侧 10 个子站、发电机组 1×50 MW 及以下功率设立的值班人员。
>
> **注 3**：每增加监控子站 15 个,每个班增加 1 人。
>
> **注 4**：每增加 1 台 50 MW 及以上功率机组,每个班增加 1 人。

4.4.2.7 装置区域负荷中心变电站班组定员

——工作范围:装置区域负荷中心变电站电气运行、电气维修。

——岗位设置:班长、电气运行值班长、电气运行值班员、电气维修员。

——定员标准:见表 70。

表 70 装置区域负荷中心变电站班组定员

装置名称	岗位名称	定员明细			备注
		定员单位	定员	班次	
装置区域负荷中心变电站	班长	人/班	1	1	
	电气运行值班长	人/班	1	4	
	电气运行值班员	人/班	n	4	
	电气维修员	人/班		n	

> **注**：采用测算的方法,测算出装置区域负荷中心变电站班组电气运行、电气维修人员数量,依据班组负责区域生产装置规模、复杂程度、难点等调节 K 值的大小,评估出定员人数。

4.4.2.8 全厂电气设备试验班组定员

——工作范围:负责全厂电气设备一、二次电气试验工作。

——岗位设置:班长、电气试验员岗位。

——定员标准:见表 71。

表 71 全厂电气设备试验班组定员

装置名称	岗位名称	定员明细			备注
		定员单位	定员	班次	
全厂电气设备试验班组	班长	人/班	1	1	
	电气试验员	人/班	n	1	

注：全厂电气试验定员人数确定，采用测算的方法，测算出全厂电气试验人员数量 n，依据电气设备试验年限、试验复杂程度等调节 K 值的大小，评估出定员人数。

4.4.3 仪表维修定员

4.4.3.1 仪表维修人员定员

——工作范围：负责现场仪表的日常维护和故障处理；控制系统的日常维护和故障处理；仪表阀门的维护和故障处理等。不包括仪表阀门检修（外送专业阀门厂家维修）、大检修阀门维修人员。

——定员标准：

以控制系统的监控点和监视点为依据，具体如下：

- 仪表所辖主工艺装置的 DCS 系统的监控点为主；每 200 个监控点配备一个仪表维修工（200 监控点/人）。

- 不参与调节控制的、不参与联锁的、纯显示的模拟量点，以及压力开关、温度开关、流量开关、液位开关、阀位开关等信号；泵、电机的运行状态信号均视为监视点，每 10 000 个监视点配备 5 个仪表维修工（10 000 监视点/5 人）。

- ESD、SIS 紧急停车系统，联锁保护系统的 I/O 点均视为监控点，定额原则和监控点一样对待，每 200 个监控点配备一个仪表维护工。

- ITCC，随工艺包所带的 PLC 系统的点，每 500 个 I/O 点配备 1 个仪表维修工。

- 储运、产品包装、仓储、装卸、水源地、水处理（含化学水）、火炬、脱硫脱硝、副产品等装置的 DCS 系统的监控点，每 500 个监控点配备 1 个仪表维修工（500 监控点/人），每 10 000 个监视点配备 5 个仪表维修工（10 000 监视点/5 人）。

- 对于控制点数少的装置，仪表维修人员定员的原则必须符合劳动法和本安体系原则来保证最低人数的配置原则。

- 对于规模较小、自动化程度较低、就地仪表数量较多、控制系统点数比较少的项目，例如焦化项目，定员依据原则上以控制系统的监控点和监视点为依据，计算控制系统的监控点和监视点时，包括就地仪表的数量。

监控点和监视点统计原则如下：

- 凡是参与调节、控制、联锁的 AI、输出 AO、DO 都作为监控点来统计。

- 不参与调节控制的、纯显示的模拟量点（AI、RTD、TC），压力开关、温度开关、流量开关、液位开关、阀位开关等 DI 信号，泵、电机的运行状态信号（DI）均视为监视点，通信点也视为监视点。

- ESD、SIS 紧急停车系统,联锁保护系统的 AI、AO、DI、DO 点数(内存量的点,中间变量不算在其中),一进两出的点只能统计一次。
- ITCC、工艺包所带 PLC 系统的点包括 AI、AO、DI、DO、RTD、TC,这些点如果通信到 DCS 控制系统中,就不能重复按照通信点来统计。

4.4.3.2　在线分析仪表维修人员定员

——工作范围:负责现场在线分析仪表的日常维护和故障处理,包括分析小屋;负责现场可燃和有毒气体检测器及系统的维护和故障处理工作。

——定员标准:

- 以在线分析仪表的台件数为依据,40 台分析仪表/人;
- 以可燃和有毒气体检测器的点数为依据,500 点/人。

4.4.3.3　热工仪表维修人员定员

——工作范围:负责锅炉和机组热工自动控制系统和热工仪表、除灰除尘控制系统及化学控制系统和仪表的日常维护和故障处理。

——定员标准:热控仪表定员依据国家电力公司火力发电厂劳动定员标准为主,不再执行化工仪表的定员原则。具体参照表 72。

表 72　热工仪表维修人员定员标准

单台锅炉容量 t/h	两台锅炉	每增设一台锅炉
75	4	1
130～300	6	1
410	10	2
670	14	3
1 000	19	4

注:《标准》中单台锅炉容量均为名义数,它代表一个容量的区间。在使用本标准时,凡是靠近该名义数的诸容量,均可套用该名义数对应的定员标准。

4.4.3.4　电信专业人员定员

——工作范围:负责全厂电话系统的日常维护和故障处理;负责火灾报警系统(含自动喷淋系统/消防联动系统)系统维护和故障处理;负责全厂公共通信传输系统日常维护和故障处理;负责工业电视监控系统的日常维护和故障处理;负责扩音对讲系统的日常维护和故障处理;负责安防设施系统的日常维护和故障处理。

——定员标准:6 000 过程控制(I/O)点,配备 1 名电信专业维修工(6 000 I/O 点/人),低于 6 000 过程控制(I/O)点的项目,最少配 2 人。

4.4.3.5　计量检定操作定员

——工作范围:负责煤化工装置压力、温度、电学、质量、容量、长度、理化等计量器具的检定及校准。

——定员标准:参照如下公式:

$$岗位定员 = 全年总工时/每人每年工作时间$$

注1:每人每年工作时间:以每天7.5 h工作时间、每月21.75个工作日为基础。

注2:每人每年工作时间(h)=21.75×12×7.5=1 957.5 h。

全年总工时:参照如下公式:

$$全年总工时 = \sum 单项检定工时 \times 历年平均检定量$$

注:仪表检定数量根据生产需要、装置检修及计量器具的使用周期每年进行调整。

单项检定项目工时清单:见表73。

表73 单项检定项目工时清单

序号	检定项目名称	单项工时 h/台	备注
1	一般压力表、微压表	0.8	包括调修
2	法兰压力表	1.2	包括调修
3	精密压力表	3.0	包括调修
4	数字压力计	2.5	
5	压力模块、变送器	2.3	
6	电接点压力表	2.5	包括调修
7	双金属温度计	2.4	
8	玻璃温度计(校准点小于等于3个)	2.5	
9	玻璃温度计(校准点大于3个)	2.6	
10	红外线测温仪	3.3	
11	热电偶、露点仪	5.0	
12	热电阻	3.5	
13	过程信号仿真仪	4.0	
14	多功能数字表(电流,电压)	6.0	
15	万用表	24.0	
16	电能表	7.2	
17	电阻箱	3.5	
18	玻璃量具	1.0	
19	百分表、游标卡尺、千分尺	2.4	
20	数字指示秤	2.7	
21	砝码	2.6	
22	电子天平	3.0	
23	气相色谱仪	3.0	

4.4.3.6　计量监督定员

——工作范围:负责能源消耗、产成品计量仪表运行监督、原煤及成品库存盘点、流量仪表的在线比对、固体定量包装产品抽检、物料消耗月度盘点、计量数据核对、测量管理体系运行监督等。

——定员标准:参照以下公式:

$$岗位定员 = 全年总工时 / 每人每年工作时间$$

注 1:每人每年工作时间:以每天 7.5 h 工作时间、每月 21.75 个工作日为基础。

注 2:每人每年工作时间(h)= 21.75×12×7.5 = 1 957.5 h。

全年总工时:

$$全年总工时 = \sum 单项计量监督工时 \times 历年平均监督量$$

注:仪表监督量根据生产需要及监督周期每年进行调整。

计量监督工时清单:见表 74。

表 74　计量监督工时清单

序号	项目名称	项目单位	单项工时 h
1	球形煤仓原煤盘点	每个仓	6
2	液体成品盘库	每个单位	4
3	固体成品盘库	每种产品	4.5
4	计量仪表技术管理	每块仪表	0.5
5	计量仪表数据分析比对	每块仪表	2.0
6	计量仪表运行监督	每块仪表	1.5
7	计量纠纷调查	每块仪表	4.0
8	流量仪表安装、检定过程监督	每块仪表	3.0
9	流量仪表在线比对	每台流量计	4
10	固体定量包装产品抽查	每种产品	3
11	物料消耗月度数据报表	每份报表	4
12	电子皮带秤校验	每条皮带秤	3
13	能源、管输、结算、互供计量数据核对	每组数据	3
14	测量管理体系运行监督	每个单位	7

4.5　物资仓储岗位定员

4.5.1　物资仓储定员

——工作范围:

- 物资收发存业务:物资验收、出入库、退库、调拨、盘点、保管保养等日常工作,收集汇总分析库存物资等信息;仓库保卫、巡检、出入库的检查等工作。

- 装卸配送业务:收集配送申请、办理出库、编制配送计划;按照计划配送至各生产现场配送点、包括物资运输、装卸、物资和单据移交等工作。
- 物资结算办理及信息系统维护业务:出入库结算单据汇总、整理、移交;运行款、质保金申请单的办理;物资管理信息系统的维护及运行管理。

——岗位设置:班长、保管员、结算员、系统管理员、配送员、运输车辆司机、装卸机械操作人员、装卸工、护场员。

——定员标准:见表75。

表 75　物资仓储定员标准

业务名称	岗位名称	定员明细			备注
		定员单位	定员	班次	
物资仓储服务	班长	人/班	n	1	n＝库区数量(一个生产厂为1个库区)
	保管员	人/班	n	1	$n＝k_1＋k_2＋k_3＋k_4＋k_5$ $k_1＝$设备及配件类总品种数/1 500 种 $k_2＝$大宗材料类总品种数/2 000 种 $k_3＝$化工原辅材料类总品种数/500 种 $k_4＝$电仪类总品种数/500 种 $k_5＝$其他类总品种数/300 种
	结算员	人/班	$n/20$	1	$n＝$保管员总数量;每仓库保管员<20 人配备 1 人
	系统管理员	人/班	$2n$	1	$n＝$物资系统模块数量
	配送员	人/班	$n/20$	1	$n＝$总配送点
	运输车辆司机	人/班	$n/2$	1	$n＝$实际运输车辆台数
	装卸机械操作	人/班	$n/2$	1	$n＝$实际装卸机械台数
	装卸工	人/班	n	1	$n＝$年均装卸量吨位/4 000t
	护场员	人/班		4	按治安保卫标准配置(危化品库、物资进出量的门岗每班 2 人,其他每班 1 人)

4.6　后勤服务岗位定员

定员按照国家能源投资集团有限责任公司相关规定执行。

附　录　A
专业管理及用工方式建议

表 A.1　各专业管理方式、用工方式

专业类别		管理方式	用工方式
生产经营管理	行政、经营、计划、财务、人力资源、内控、法律、党群、纪检、生产、技术、设备、安全、环保、职业卫生健康、分析检测、质量、电气、仪表、计量、电信、工程、物资、销售等	自主管理	合同工
化工装置操作	煤制油、煤化工、煤焦化等	自主管理	合同工
配套业务操作	热电(动力)	自主管理、业务外包	合同工＋承包商
	公用工程	自主管理、业务外包	合同工＋承包商
	分析检测	自主管理、业务外包	合同工＋承包商
	包装仓储	自主管理、业务外包	合同工＋承包商
	消防气防	自主管理	合同工
日常维护	机械维修	自主管理、业务外包	合同工＋承包商
	电气维修	自主管理、业务外包	合同工＋承包商
	仪表维修	自主管理、业务外包	合同工＋承包商
物资仓储	物资仓储	自主管理、业务外包	合同工＋承包商
后勤服务	安保、运输、餐饮、住宿、办公服务	自主管理、业务外包	劳务工＋承包商

附　录　B

表 B.1　传动设备故障类型表

序号	项目名称	故障类型
1	汽轮机（包括冷冻机）	1. 油冷器的抽芯检查、清理疏通 2. 消漏 3. 疏通 4. 300 kW 以下设备的找正 5. 滤网的清洗、更换 6. 连接螺栓紧固 7. 冷却水管平衡管修理及更换 8. 检查调整调速器
2	离心式压缩机	1. 油冷器的抽芯检查、清理疏通 2. 消漏 3. 疏通 4. 找正 5. 冷却水管平衡管修理及更换 6. 变速器检查 7. 连接螺栓紧固 8. 滤网清洗更换
3	往复式压缩机（包括烟机、膨胀机）	1. 填料更换 2. 油封更换 3. 易损件更换 4. 油冷器的抽芯检查、清理疏通 5. 消漏 6. 疏通 7. 找正 8. 注油器、单向阀的检查清扫 9. 气阀检查更换 10. 连接螺栓紧固 11. 滤网清洗、更换 12. 护罩修理 13. 变速器检查消漏 14. 冷却水管平衡管修理及更换

表 B.1　传动设备故障类型表（续）

序号	项目名称	故障类型
4	吹灰器	1. 填料检查及添加 2. 皮带调整及更换 3. 调整或更换链条 4. 连接螺栓紧固 5. 检查、调整机械传动机构
5	风机	1. 消漏 2. 联轴节更换 3. 找正 4. 疏通 5. 电机皮带更换及调整张紧装置 6. 调整、更换叶片 7. 连接螺栓紧固 8. 护罩修理 9. 填料检查更换 10. 易损件更换 11. 变速器检查消漏
6	干燥过滤 分离机械	1. 机封更换 2. 油封更换 3. 填料更换 4. 过滤网（布）检查、清洗、更换 5. 消漏 6. 疏通 7. 电机皮带更换及调整张紧装置 8. 找正 9. 易损件更换 10. 连接螺栓紧固 11. 分离机转子更换
7	输送机械	1. 填料检查、添加及更换 2. 消漏 3. 疏通 4. 找正 5. 调整张紧装置 6. 电机皮带调整及更换 7. 调整托辊、链条及链轮 8. 连接螺栓紧固 9. 护罩修理 10. 变速器检查消漏

表 B.1 传动设备故障类型表（续）

序号	项目名称	故障类型
8	搅拌器	1. 上部填料检查及添加 2. 上部机封更换 3. 消漏 4. 找正 5. 注油器检查更换 6. 变速器的检查及消漏 7. 调整或更换链条 8. 连接螺栓紧固
9	泵	1. 机封更换 2. 油封更换 3. 填料更换 4. 轴承检查更换 5. 消漏 6. 疏通 7. 联轴节更换 8. 找正 9. 冷却水管平衡管修理及更换 10. 叶轮检查 11. 连接螺栓紧固 12. 护罩修理 13. 易损件更换 14. 垫片更换 15. 滤网清洗、更换 16. 大修（不包括 500 kW 及以上单级泵、300 kW 及以上多级泵）
10	特殊阀门	1. 填料检查、添加及更换 2. 消漏 3. 转换机构调整 4. 执行机构的检查修理 5. 滤网清洗、更换 6. 连接螺栓紧固

表 B.1　传动设备故障类型表（续）

序号	项目名称	故障类型
11	污水处理机械	1. 机封更换 2. 填料检查更换 3. 轴承检查更换 4. 消漏 5. 找正 6. 调整、更换电机皮带 7. 调整、更换钢丝绳及链条（轮） 8. 调整张紧装置 9. 检查除污机格栅条并处理 10. 连接螺栓紧固
12	烟道挡板	1. 填料检查及添加 2. 消漏 3. 调整或更换链条 4. 连接螺栓紧固 5. 检查调整挡板的灵活性
13	鹤管	1. 消漏 2. 连接螺栓紧固 3. 调整、更换金属软管及垫片
14	产品成型、包装机械	1. 油封更换 2. 填料更换 3. 轴承检查更换 4. 消漏 5. 疏通 6. 找正 7. 调整张紧装置 8. 电机皮带调整及更换 9. 连接螺栓紧固 10. 护罩修理 11. 易损件更换 12. 托辊、链条及链轮检查调整 13. 清洗传动机构
15	其他类型动设备	日常消缺、消漏等维护维修

附　录　C

表 C.1　静设备故障处理工作内容表

序号	设备名称	工作内容
1	塔类设备	1. 梯子、平台、栏杆的局部加固、更换(一次 100 kg 以内) 2. 附件拆装更换(不包括人孔的拆装)、连接处消漏及修理;附件包括:人孔、放空阀、安全阀、吊柱、塔顶消防系统
2	冷换类设备	1. 热交换器密封部位消漏 2. 列管式换热器[$DN \leqslant 1.6$ m(原定额为 $DN \leqslant 1.0$ m)且 $PN < 6.4$ MPa]管箱、封头、小浮头换垫、加拆盲板、试压、堵漏、管束抽芯检查及更换 3. 套管式、板式换热器(换热面积 $\leqslant 50$ m²)拆装、试压、堵漏 4. 热交换器所属框架梯子、平台、栏杆的局部加固、更换(一次 100 kg 以内) 5. 热交换器封头绝热,保护层的拆装、更换 6. 空冷器丝堵紧固、构架加固 7. 空冷器梯子、平台、栏杆的局部加固、更换(一次 100 kg 以内)
3	容器、储罐类设备	1. 喷淋头清理、更换 2. 梯子、平台、栏杆的局部加固、更换(一次 100 kg 以内) 3. 附件拆装更换(不包括人孔、排污孔的拆装)、连接处消漏及修理;附件包括:人孔、透光孔、排污孔、取样孔、呼吸阀、安全阀、防火器、清扫孔、通气孔、放空阀、现场指示液位计
4	炉类设备	1. 火嘴拆装、更换 2. 阻火器拆装、更换 3. 梯子、平台、栏杆的局部加固、更换(一次 100 kg 以内) 4. 附件拆装更换(不包括人孔的拆装)、连接处消漏及修理;附件包括:人孔、手孔、视镜、防爆门、吹灰管。附:炉类设备的安全阀的拆装更换另行结算
5	管道	1. 各漏点(包括各种管道、管件)消漏,管道、法兰 $DN300$ 以内包盒子消漏;原定额为管道主管径 $\leqslant 150$ mm 2. $DN300$ 以内(原定额为 $DN100$ 且 $PN \leqslant 6.4$ MPa)管道、管件更换(一次 50 m 以内) 3. $DN300$ 以内(原定额为 $DN200$)阀门的拆装、换垫、试压、修理、更换,安全阀只包括拆装、更换(不包括校验) 4. $DN300$ 以内法兰、盲板拆装、换垫、更换 5. 管道、管件、阀门、法兰故障点两侧各 50 cm 以内的绝热、保护层的拆装、更换、补焊、管件及法兰更换后焊缝两侧各 30 cm 以内的刷油工作 6. 补偿器、弹簧支吊架的调整,管道支吊架(一次 100 kg 以内)修理、加固、更换

表 C.1　静设备故障处理工作内容表（续）

序号	设备名称	工作内容
6	过滤器设备	滤芯拆装清洗、更换(不包括机组附属过滤器)
7	反应器类设备	1. 梯子、平台、栏杆的局部加固、更换(一次 100 kg 以内) 2. 附件拆装更换(不包括人孔的拆装)、连接处消漏及修理;附件包括:人孔、吊柱、安全阀、测温口、进料口、装卸口
8	其他类型静设备	日常消缺、消漏等维护维修

附 录 D
分析项目工时清单

表 D.1 成品分析类

序号	分析项目名称	分析时间 h
1	液化气铜片腐蚀试验法	2.00
2	柴油、航煤氧化安定性(总不溶物-加速法)	6.00
3	柴油、喷气燃料运动黏度(20 ℃)	1.50
4	柴油着火性质测定法十六烷值法	5.50
5	航煤、喷气燃料运动黏度(-20 ℃)	3.00
6	机械杂质和水分(目测)	0.10
7	密封油、溶剂油绝缘强度	2.50
8	密封油介质损耗因数	3.00
9	喷气燃料20 ℃电导率	0.50
10	喷气燃料冰点	1.50
11	喷气燃料的总酸值	2.00
12	喷气燃料和汽油馏分油硫醇性硫(电位滴定)	2.00
13	喷气燃料辉光值	3.00
14	喷气燃料净热值	4.00
15	喷气燃料磨痕直径	4.00
16	喷气燃料水分离指数	1.00
17	喷气燃料烟点	3.00
18	喷气燃料银片腐蚀	3.00
19	喷气燃料组成	4.00
20	汽油煤油柴油酸度测定法	2.00
21	汽油辛烷值测定(研究法)	5.50
22	汽油氧化安定性(诱导期法)	4.00
23	汽油中苯和甲苯含量测定	2.50
24	汽油中某些醇类和醚类测定	2.50
25	汽油中铅含量的测定	6.00

表 D.1 成品分析类（续）

序号	分析项目名称	分析时间 h
26	汽油族组成分析	3.00
27	燃料油、蒽油、洗油馏程（减压）	6.00
28	燃料油、溶剂油、石脑油中 Ca 金属含量	4.00
29	燃料油、溶剂油、石脑油中 Fe 金属含量	4.00
30	燃料油、溶剂油、石脑油中 Mg 金属含量	4.00
31	溶剂油、密封油运动黏度（100F）	1.50
32	溶剂油、密封油运动黏度（200F）	2.00
33	溶剂油、润滑油机械杂质	4.50
34	溶剂油、原料油中 O 元素测定	1.00
35	溶剂油、重质油族组成	3.00
36	溶剂油中间馏分烃类组成测定法（质谱法）	5.00
37	润滑油、密封油、柴油等机械杂质测定（重量法）	4.50
38	润滑油抗乳化实验	2.00
39	润滑油运动黏度（100 ℃）	2.00
40	润滑油运动黏度（40 ℃）	1.50
41	十六烷值改进剂酸度（以 H_2SO_4 计）	2.00
42	十六烷值改进剂酸度（以 HNO_3）	2.00
43	十六烷值指数	0.10
44	石脑油、柴油等实际胶质	4.00
45	石脑油、汽油水含量测定法（卡尔·费休法）	0.50
46	石脑油、汽油蒸汽压（雷德）	1.00
47	石脑油、汽油族组成	3.00
48	石脑油砷含量	6.00
49	石脑油溴值	1.00
50	石油产品残碳测定法（微量法）	5.00
51	石油产品和润滑油酸值	2.00
52	石油产品冷滤点测定法	3.50
53	石油产品密度测定法	0.50

表 D.1　成品分析类（续）

序号	分析项目名称	分析时间 h
54	石油产品凝点测定法	3.50
55	石油产品倾点测定法	3.50
56	石油产品赛波特测定赛波特比色计法	1.50
57	石油产品闪点测定(闭口杯法)	2.00
58	石油产品闪点测定(开口杯法)	2.00
59	石油产品水分测定法(蒸馏法)	2.00
60	石油产品水溶性酸及碱测定法	1.50
61	石油产品铜片腐蚀试验法	3.00
62	石油产品溴价	0.50
63	石油产品折光率(20 ℃)	0.20
64	石油产品蒸馏测定法	2.00
65	石油产品中游离水	0.10
66	洗油运动黏度(80 ℃)	2.00
67	液化气残留物测定	4.50
68	液化气密度或相对密度	1.50
69	液化气气蒸气压测定	1.50
70	液化气组成分析	1.00
71	油品灰分测定法	3.00
72	油品外观	0.10
73	油品颜色测定	0.80
74	油品中 C 元素	1.00
75	油品中 H 元素	1.00
76	油品中 N 元素	1.00
77	油品中 S 元素	1.00
78	煤中氧元素	4.00
79	油品中水含量(电量法、KF)	0.50
80	油品中四氢呋喃不溶物	4.50
81	油品中正己烷不溶物	4.50

表 D.1　成品分析类（续）

序号	分析项目名称	分析时间 h
82	蜡的滴熔点	1.50
83	蜡模拟蒸馏	3.00
84	蜡油中 Fe 含量	5.00
85	油中氧元素测定	4.00
86	油中元素 CHNS	4.00
87	成品酸亚硝酸（ppm）（滴定法）	0.50
88	表冷水硝酸铵含量（g/L）（滴定法）	0.50
89	成品硝铵含量（滴定法）	0.50
90	成品硝铵吸油率（重量法）	0.50
91	成品硝铵松密度（重量法）	0.50
92	成品硝铵粒度（人工筛分法）	0.50
93	成品硝铵强度（抗压碎强度仪法）	0.50
94	成品硝铵包裹剂（ppm）（回流后重量法）	0.50
95	蒽油、洗油、萘油含萘测定（色谱法）	0.60
96	蒽油、洗油、萘油含酚测定（色谱法）	0.60
97	酚钠总碱度测定（滴定法）	1.50
98	工业萘结晶点（玻璃仪器法）	0.65
99	焦油氯含量测定（微库仑分析仪）	0.50
100	改质沥青软化点测定（软化点测定仪）	1.00
101	改质沥青灰分测定（重量法）	3.00
102	改质沥青结焦值测定（重量法）	3.00
103	粗苯中的氯离子（色谱法）	1.50
104	BT 溶剂中的噻吩（色谱法）	1.50
105	焦炭筛分试验（人工）	1.00
106	粗苯中苯、甲苯、二甲苯（蒸馏法）	4.00
107	焦油中甲苯不溶物（蒸馏法）	6.00
108	焦油中萘含量（色谱法）	0.50
109	油品中苯含量（蒸馏法）	3.00

表 D.1　成品分析类（续）

序号	分析项目名称	分析时间 h
110	洗油中萘、α-甲基萘含量、β-甲基萘、芴、苊含量（色谱法）	2.00
111	焦炭热反应性、反应后强度	8.00
112	焦炭冷强度	1.00
113	焦炭中损实验	0.80
114	重介粉真密度	2.00
115	重介粉磁性物含量	0.50
116	重介粉细度	4.00
117	聚甲醛粒料熔点的测定	1.60
118	热塑性塑料熔体质量流动速率和熔体体积流动速率的测定	0.66
119	工业甲醇中铵离子含量	0.70
120	液体蜡芳烃含量	0.70
121	精制蜡滴熔点	0.80
122	精制蜡铁含量	3.00
123	精制蜡软化点	0.80
124	精制蜡含油量	4.00
125	精制蜡针入度	2.00
126	蜡颜色	0.30
127	粗苯中氯含量	2.00
128	C9＋双烯值	2.00
129	气体中常量乙腈含量	0.70
130	乙腈中亚硝酸钠含量（比色法）	0.70
131	亚硝酸钠溶液浓度（容量法）	0.70
132	丁烯-1 的纯度（色谱法）	0.70
133	丁二烯中水含量	0.70
134	丁二烯中微量乙腈、二聚物（色谱法）	0.70
135	汽油中硫含量测定	0.70
136	烃类组成测定（色谱法）	0.70
137	汽油中双烯值（色谱法）	0.70

表 D.1　成品分析类（续）

序号	分析项目名称	分析时间 h
138	油中 C6～C5 烷烃、环烷烃、芳烃含量测定法（色谱法）	0.70
139	汽油中环丁砜含量（色谱法）	0.70
140	丁烯-1 中总羰基含量	0.70

表 D.2　煤质分析类

序号	分析项目名称	分析时间 h
1	煤的弹筒发热量	2.50
2	煤的干基低位发热量（$Q_{net,d}$）	0.10
3	煤的干基高位发热量（$Q_{gr,d}$）	0.10
4	煤的灰熔融性	4.00
5	煤的挥发分（工分仪）	1.50
6	煤的水分、灰分（工分仪）	1.50
7	煤灰成分分析	6.00
8	煤炭筛分试验	1.00
9	煤样的制备	1.00
10	煤中 C 元素	1.00
11	煤中 H 元素	1.00
12	煤中 N 元素	1.00
13	煤中 S 元素	1.00
14	煤中氟、氯含量分析	6.00
15	煤中固定碳（FCad）	0.10
16	煤中可燃物	2.00
17	煤中全硫（炉管法）	1.50
18	煤中全水分	1.50
19	煤中内水	1.00
20	煤中水分（手动）	1.00
21	煤中碳含量	1.00
22	煤粉/水煤浆粒度分析（激光粒度仪法）	0.80
23	残渣软化点的测定	2.00

表 D.2 煤质分析类（续）

序号	分析项目名称	分析时间 h
24	待生催化剂焦炭含量	2.00
25	水煤浆粒度分布的测定（重量法）	2.50
26	水煤浆中固含量分析	1.00
27	灰分（煤粉、催化剂、残渣）	2.00
28	灰渣碳含量的测定	1.50
29	减渣四氢呋喃不溶物	5.00
30	减渣正己烷不溶物	5.00
31	水煤浆浓度	0.60
32	水煤浆黏度测定	1.00
33	油煤浆黏度的分析	2.00
34	煤的岩相分析	14.00
35	煤的浮沉试验（人工）	2.00
36	煤中灰成分（手动）	24.00
37	煤的小浮选试验（人工）	5.00
38	煤的黏结指数	1.50
39	煤的吉氏流动度	1.50

表 D.3 气体分析类

序号	分析项目名称	分析时间 h
1	粗酚组成分析（色谱法）	2.00
2	氮气中微量氧测定	0.50
3	干冰中油脂含量分析	4.00
4	甲醇中水含量测定（KF）	0.50
5	快速炼厂气、液化气组成分析（色谱法）	0.60
6	气体露点测定	0.20
7	气体中 H_2S 含量（检测管）	0.20
8	气体中 O_2、N_2、CO、H_2、CO_2、CH_4、C_2H_6 分析（色谱法）	0.50
9	气体中 O_2、VOC、H_2S、CO 分析（色谱法）	1.00
10	气体中氨含量测定（GC）	0.50

表 D.3 气体分析类（续）

序号	分析项目名称	分析时间 h
11	气体中烃类组成分析（色谱法）	0.50
12	气体中微量硫组分分析（色谱法）	0.50
13	气体中微量烃测定（色谱法）	0.50
14	氢气中微量 CO、CH_4、CO_2、N_2、Ar 分析（色谱法）	0.50
15	酸性气体组成分析（色谱法）	2.00
16	脱硫液中 H_2S、CO_2 测定（色谱法）	3.00
17	氧气中微量氮测定（色谱法）	0.50
18	碳四、碳五纯度分析（色谱法）	0.60
19	甲基叔丁基醚（MTBE）的组成（色谱法）	0.60
20	乙烯、丙烯中微量一氧化碳、二氧化碳分析（色谱法）	0.80
21	气体中尘含量（吸收法）	3.00
22	气体中常量硫组分分析（色谱法）	0.80
23	气体中甲醇、二甲醚分析（色谱法）	0.60
24	丙烯、乙烯中水分测定（KF）	0.80
25	丙烯、乙烯中中痕量硫测定（色谱法）	2.00
26	变换气中氢氰酸测定（吸收法）	3.00
27	变换气中氨测定（吸收法）	3.00
28	甲醇中痕量三甲胺测定（质谱法）	3.00
29	变换气中氢氰酸测定（吸收法）	3.00
30	变换气中氨测定（吸收法）	3.00
31	混合芳烃族组成分析（荧光法）	3.00
32	工艺水中氧化物测定（色谱法）	2.00
33	丙烯、乙烯中痕量一氧化碳分析（色谱法）	1.00
34	甲醇丙酮的质量分数（色谱法）	0.50
35	气体中 HCN 的测定（检测管法）	0.20
36	总硫含量测定（色谱法）	0.50
37	焦炉气苯、萘含量（色谱法）	0.50
38	焦炉气焦油含量（色谱法）	4.50
39	焦炉气中氯含量测定（色谱）	2.50

表 D.3　气体分析类（续）

序号	分析项目名称	分析时间 h
40	二氧戊环溶液水溶液中甲醛、水、甲醇、甲缩醛、三聚甲醛和乙二醇组分含量的测定（气相色谱法）	2.00
41	甲醛溶液中水、甲醇、甲酸甲酯、甲缩醛、二氧戊环、苯和三聚甲醛组分含量的测定（气相色谱法）	2.00
42	二氧戊环中甲醇和乙二醇含量的测定（气相色谱法）	2.00
43	三聚甲醛中甲缩醛、甲酸甲酯、甲醇、苯、二氧戊环含量的测定（气相色谱法）	2.00
44	高浓度甲醛溶液组分含量的测定（气相色谱法）	2.00
45	气体中油含量测定	2.00
46	气体热值分析	0.20

表 D.4　水质分析（容量法）

序号	分析项目名称	分析时间 h
1	NaOH 浓度的测定（滴定法）	0.30
2	N-甲基二乙醇胺浓度的测定（滴定法）	0.30
3	催化剂滤液中的硫酸铵分析（滴定法）	0.50
4	工业循环冷却水磷锌预膜液中锌离子的测定	0.50
5	工业循环冷却水中余氯的测定（分光光度法）	0.10
6	锅炉水、循环水中 Ca^{2+} 的测定（滴定法）	0.30
7	锅炉水、循环水中 Fe^{2+} 含量的测定（分光光度法）	0.50
8	锅炉水、循环水中 Fe^{3+} 含量的测定（计算法）	0.10
9	锅炉水、循环水中 Mg^{2+} 的测定（计算法）	0.10
10	锅炉水、循环水中 Na^+ 的测定（电极法）	0.30
11	锅炉水、循环水中 pH 值（玻璃电极法）	0.10
12	锅炉水、循环水中二氧化硅（分光光度法）	0.40
13	锅炉水、循环水中酚酞碱度（滴定法）	0.20
14	锅炉水、循环水中正磷（分光光度法）	0.30
15	锅炉水、循环水中总碱度（滴定法）	0.20
16	锅炉水、循环水中总铁（分光光度法）	0.50
17	锅炉水、循环水中总硬度测定（滴定法）	0.30

表 D.4　水质分析（容量法）（续）

序号	分析项目名称	分析时间 h
18	锅炉水中、循环水电导率的测定（电极法）	0.10
19	联氨含量测定（滴定法）	0.30
20	硫化物的测定（滴定法）	0.80
21	硫酸亚铁含量测定（滴定法）	0.40
22	煤浆中铁含量（分光光度法）	4.00
23	浓氨水中氨含量测定（滴定法）	1.50
24	泡沫高度（贫液、富液）	1.00
25	贫液、富液中二乙醇胺含量的分析（滴定法）	0.50
26	深度处理水氧化还原电位（电极法）	0.30
27	水、蒸汽中溶解氧的测定（靛蓝二磺酸钠比色法）	0.50
28	水溶液中固含量的测定（重量法）	1.00
29	水中 COD 的测定（分光光度法）	2.00
30	水中 TOC 的测定	1.00
31	水中氟离子测定（电位滴定法）	0.30
32	水中甲醇含量分析（色谱法）	0.50
33	水中氯离子（硝酸汞滴定法）	0.50
34	水中氯离子测定（电位滴定法）	0.30
35	水中悬浮物（重量法）	1.50
36	水中总溶解固形物（TDS）（电极法）	0.20
37	脱碳液中钒含量（电位滴定法）	1.50
38	脱碳液中碳酸钾/碳酸氢钾浓度，总碱，再生度测定（电位滴定法）	0.60
39	污水、蒸汽、循环水中油的测定（红外法）	2.00
40	污水色度	0.20
41	污水中 BOD5 测定（稀释与接种法）	2.00
42	污水中氨氮（凯式定氮仪）	0.80
43	污水中铵盐的测定	0.80
44	污水中挥发酚	0.80
45	污水中污泥混合液 MLVSS 浓度（重量法）	2.00
46	污水中污泥-污泥浓度（重量法）	1.50

表 D.4 水质分析(容量法)(续)

序号	分析项目名称	分析时间 h
47	污水中污泥-污泥指数(综合计算)	0.05
48	污水中硝酸盐氮的测定	1.00
49	污水中游离氨的测定	0.60
50	污水中总氮的测定	1.00
51	污水中总酚含量的测定	0.80
52	稀氨水氨含量测定(滴定法)	0.40
53	消泡时间(贫液、富液)	0.10
54	循环水的浓缩倍数	0.80
55	循环水挂片腐蚀	0.50
56	循环水硫酸盐还原菌	3.00
57	循环水污水浊度测定	0.10
58	循环水细菌镜检	3.00
59	循环水中钾离子的测定(火焰光度计)	0.80
60	循环水中硫酸根离子的测定(滴定法)	0.50
61	循环水中黏液异养菌	3.00
62	循环水中生物黏泥	2.00
63	循环水中碳酸根、碳酸氢根、氢氧根(滴定法)	0.80
64	循环水中铁细菌数	3.00
65	循环水中硝酸盐的测定	0.50
66	循环水中亚硝酸根的测定	0.30
67	循环水中有机磷盐测定	0.05
68	循环水中总磷酸盐测定方法(分光光度法)	0.80
69	原水中 Al^{3+}(mg/L)	2.00
70	原水中 Mn^{2+}(mg/L)	0.50
71	原水中 Zn^{2+}(mg/L)	0.50
72	原水中耐热大肠菌群	3.00
73	原水中肉眼可见物	0.10
74	原水中细菌总数	3.00
75	原水中异味	0.10

表 D.4 水质分析（容量法）（续）

序号	分析项目名称	分析时间 h
76	原水中总大肠菌群	3.00
77	水中总无机磷测定方法（分光光度法）	0.50
78	甲醇中硫化氢测定（滴定法）	0.60
79	循环水中氯离子（硝酸银沉淀滴定法）	0.50
80	蒸汽、凝液中氯离子（比色法）	0.30
81	锅炉水、循环水中铜离子	0.30
82	水中氨氮测定	0.50
83	循环水试管黏附速率	4.00
84	溶液中钾钠离子（原子吸收）	4.00
85	脱硫循环槽、浓缩段溶液中的硫酸铵浓度	2.00
86	脱硫循环槽、浓缩段溶液中的亚硫酸铵浓度	2.00
87	脱硫循环槽、浓缩段溶液中的亚硫酸氢铵含量	2.00
88	胺液浓度的测定	0.60
89	不挥发物含量　联胺	2.00
90	CODMn 的测定	0.60
91	污水中总氰化物（蒸馏法）	2.00
92	脱硫液中 NaCNS 含量（滴定法）	0.40
93	脱硫液中 $Na_2S_2O_3$ 含量（滴定法）	0.40
94	脱硫液中悬浮硫（重量法）	4.00
95	脱硫液中络合铁（比色法）	1.50
96	脱硫液中催化剂（比色法）	1.50
97	硫酸、甲酸浓度测定（pH 测定法）	0.50
98	甲酸浓度的测定（容量法）	0.20
99	甲酸浓度的测定（电位滴定法）	0.20
100	废水中苯、甲醇、甲缩醛、三乙胺、二氧戊环和三聚甲醛等微量组分含量的测定	2.00
101	氢氧化钠溶液浓度的测定-电位滴定法	0.40
102	废水中微量甲醛的测定-分光光度法	0.60
103	废水中苯、甲醇、甲缩醛、三乙胺、二氧戊环和三聚甲醛等微量组分含量的测定 气相色谱法	0.30
104	水中石油类的测定	2.00

表 D.5 环境监测类

序号	分析项目名称	分析时间 h
1	噪声	0.10
2	烟气氧含量的测定	0.20
3	烟气 SO_2、NO_x、CO 的测定	0.20
4	探伤射线辐射测定	0.10
5	固定污染源排气中颗粒污染物	0.50
6	环保 环境空气非甲烷总烃	0.70
7	工作场所空气有毒物质测定 氢氧化钠	2.30
8	烟气黑度测定	2.00
9	环境空气和废气氨的测定	4.00
10	工作场所空气有毒物质测定 氯化物	0.25
11	废气中 HF(吸收法)	6.00
12	工作场所空气有毒物质测定 无机含碳化合物	0.30
13	环境空气 总悬浮颗粒物的测定(重量法)	2.50
14	工作场所空气有毒物质测定 盐酸	1.50
15	工作场所空气有毒物质测定 甲醛(吸收法)	1.30
16	工作场所空气有毒物质测定 二氧化硫	0.40
17	工作场所空气有毒物质测定 硫酸	2.30
18	工作场所空气中粉尘测定 呼吸性粉尘浓度	2.00
19	废气中 HCL(吸收法)	4.00
20	工作场所有毒有害物质监测 苯、甲苯、二甲苯、乙苯、苯乙烯	1.30
21	工作场所空气中粉尘测定 总粉尘浓度	2.00
22	工作场所空气有毒物质测定 硫化氢	0.75
23	工作场所空气有毒物质测定 二氧化氯	1.30
24	臭气	1.00
25	工作场所空气有毒物质测定 无机含氮化合物	0.40
26	废气中的汞	8.00
27	废气中的甲醇	0.75
28	废气中的硫化氢	0.75
29	环境空气中非甲烷总烃	0.47
30	环境空气中苯、甲苯、二甲苯、苯乙烯	0.75

表 D.5　环境监测类（续）

序号	分析项目名称	分析时间 h
31	工作场所空气有毒物质测定　溶剂汽油	0.70
32	工作场所空气有毒物质测定　四氯化碳	0.75
33	工作场所空气有毒物质测定　甲醇	0.75
34	工作场所空气有毒物质测定　四氯乙烯	0.75
35	工作场所空气有毒物质测定　1,3-丁二烯	0.75
36	工作场所空气有毒物质测定　液化石油气	0.70
37	工作场所空气有毒物质测定　乙二醇	0.75
38	工作场所空气有毒物质测定　异丙醇	0.75
39	沉降比 SV5	0.08
40	污泥沉降比(SV30)	0.25
41	固体废物中金属元素的测定	13.00
42	地下水氰化物分光光度	0.70
43	垢样酸不溶物的测定	4.00
44	大肠杆菌的测定	2.50
45	垢样预处理(个)	4.00
46	真菌的测定	2.50
47	垢样的氧化镁测定	0.50
48	地下水亚硝酸盐(以氮计)(离子色谱法)	1.00
49	地下水汞	4.00
50	水质硝酸盐(离子色谱法)	1.00
51	地下水六价铬	0.50
52	地下水硝酸盐(以氮计)(离子色谱法)	1.00
53	固体废物中六价铬的测定	4.00
54	水质氨氮(离子色谱法)	1.00
55	水质氟离子(离子色谱法)	1.00
56	环保　地下水砷	4.00
57	氨化菌的测定(平皿计数法)	2.50
58	环保　硫化细菌的测定(MPN法)	2.50
59	甲醛的测定(乙酰丙酮分光光度法)	0.50

表 D.5　环境监测类（续）

序号	分析项目名称	分析时间 h
60	环保　地下水硫酸盐（离子色谱法）	1.00
61	环保　垢样三氧化二铁的测定	2.00
62	环保　亚硝酸盐细菌的测定（MPN法）	2.50
63	环保　溶解性总固体（重量法）	1.00
64	环保　垢样的氧化钙测定	0.50
65	环保　垢样灼烧失重含量的测定	2.50
66	环保　垢样水分含量的测定	2.50
67	五日生化需氧量（BOD5）微生物传感器法	1.00
68	环保　挥发性脂肪酸	0.75
69	环保　地下水氟离子（离子色谱法）	1.00
70	环保　反硝化细菌的测定（MPN法）	2.50
71	环保　废水总氰化物的测定（分光光度法）	0.75

表 D.6　原辅材料类

序号	分析项目名称	分析时间 h
1	N-甲基二乙醇胺含量	1.50
2	次氯酸钠溶液游离碱的质量分数	1.00
3	次氯酸钠溶液有效氯的质量分数	1.20
4	堆积密度	0.20
5	固体粒度测定	1.00
6	固体中水分	0.60
7	多元醇磷酸酯有机磷酸盐（以 PO_4^{3-} 计）测定	1.00
8	二硫化碳馏出率（45.6～46.6 ℃　101.3 kPa）	1.00
9	二乙醇胺含量	4.00
10	二异丙基醚含量测定	2.00
11	工业磷酸三钠含量	4.00
12	工业硫黄　有机物质量分数的测定（重量法）	2.00
13	工业硫黄灰分的质量分数	1.50
14	工业硫黄硫的质量分数	0.05

表 D.6　原辅材料类（续）

序号	分析项目名称	分析时间 h
15	工业硫黄砷的质量分数	2.00
16	工业硫黄水分的质量分数	1.00
17	工业硫黄酸度的质量分数	1.00
18	工业硫黄铁的质量分数	1.00
19	工业氯酸钠含量	1.20
20	活性炭 pH 值的测定	0.50
21	活性炭碘吸附值的测定	2.00
22	活性炭灰分含量测定	1.50
23	活性炭亚甲基蓝吸附值的测定	2.00
24	活性炭水分含量的测定	1.00
25	甲醇沸程	1.00
26	甲醇高锰酸钾试验	1.00
27	甲醇密度	0.30
28	甲醇色度	0.20
29	甲醇水的质量分数	0.50
30	甲醇水混溶性试验	0.20
31	甲醇酸(碱)度的质量分数	0.50
32	甲醇蒸发残渣	2.00
33	甲醇蒸发残渣的质量分数	1.00
34	甲醇中丙酮的质量分数	0.50
35	甲醇中硫酸洗涤实验	1.00
36	甲醇中酸的质量分数	0.80
37	甲醇中羰基化合物的质量分数	1.50
38	甲醇中乙醇、丙醇的质量分数	0.50
39	聚合铝中酸不溶物含量	1.50
40	聚合铝中氧化铝含量	2.00
41	聚氯化铝含量	2.00
42	聚氯化铝中盐基度的测定	1.00
43	粒度(活性炭、石英砂)	1.00

表 D.6　原辅材料类（续）

序号	分析项目名称	分析时间 h
44	磷酸氢二钠含量	4.00
45	磷酸三钠中氯化物	1.00
46	硫黄中硫含量（差减法）	0.05
47	硫酸铵水分	1.00
48	硫酸铵外观	0.10
49	硫酸铵游离酸含量	0.80
50	硫酸铵中氮含量的测定	1.20
51	硫酸铵总氮含量	1.20
52	硫酸钙含量测定	0.80
53	硫酸含量测定	0.80
54	硫酸亚铁含量	2.00
55	硫酸中游离酸（以 H_2SO_4 计）	0.80
56	氯化钙含量	0.80
57	氯化钙中总碱金属氯化物	1.00
58	氯化铁含量	1.50
59	七水硫酸镁中氯化物含量测定	1.00
60	氯化物含量的测定	1.00
61	氯酸钠中氯化物含量的测定	1.00
62	柠檬酸含量	1.00
63	七水硫酸镁含量测定	2.00
64	强度（颗粒活性炭）	0.50
65	氢氧化钙含量	1.00
66	氢氧化钠含量的测定	1.00
67	氢氧化钠中碳酸钠含量的测定	1.00
68	氢氧化钠中氯化钠含量	1.00
69	氢氧化钠中铁含量	1.00
70	氯化亚铁含量	1.50
71	溶液的色度	0.20
72	过氧化氢的含量	0.80

表 D.6　原辅材料类（续）

序号	分析项目名称	分析时间 h
73	双氧水中游离酸	0.80
74	水合肼含量测定	0.80
75	水合肼氯化物含量测定	1.00
76	水中镉含量的测定	1.00
77	水中铬含量的测定	1.00
78	水中铅含量的测定	1.00
79	碳酸钾含量测定	2.00
80	碳酸钾中氯化物含量	1.00
81	碳酸钠纯度	1.00
82	碳酸钠中的氯化物含量测定	1.00
83	碳酸钠中总碱量(以 Na_2CO_3 计)的质量分数	0.80
84	碳酸氢钠总碱度(以 $NaHCO_3$ 计)质量分数	0.80
85	固体外观	0.10
86	亚硫酸氢钠含量	1.20
87	亚硫酸氢钠氯化物含量	1.00
88	盐酸游离氯	1.00
89	盐酸总酸度测定	0.80
90	氧化镁和碳酸镁含量的测定	2.00
91	药剂黏度的测定	1.50
92	液体无水氨油含量的测定(重量法)	3.00
93	液体无水氨-残留物含量的测定(容量法)	2.00
94	液体无水氨含量	1.50
95	乙二胺四乙酸四钠含量	1.00
96	有机化工产品水溶性试验方法	0.20
97	杂醇油水分(卡尔费休法)	0.50
98	催化剂焦炭含量	1.50
99	催化剂中可溶性铁含量分析	4.00
100	待生催化剂浓度	0.60
101	固体中的水分(红外快速水分仪)	0.60

表 D.6 原辅材料类（续）

序号	分析项目名称	分析时间 h
102	杂醇油杂醇含量（色谱法）	0.50
103	比重（木质活性炭）	1.00
104	表观密度（木质活性炭）	1.00
105	澄清度试验（亚硫酸氢钠）	1.00
106	对苯二酚含量的测定	3.00
107	多元醇磷酸酯 pH	0.50
108	二异丙基醚化学组成测定	0.50
109	工业二硫化碳不挥发物含量	0.50
110	工业硫黄　粉状硫黄筛余物的质量分数的测定	3.00
111	硅藻土助滤剂水溶物	2.00
112	硅藻土助滤剂松散堆密度	1.00
113	活性白土过滤速度	1.00
114	黄化酞箐钴含量	4.00
115	杀菌剂活性物含量的测定	2.00
116	活性白土粒度（75 μm 筛通过）	0.50
117	活性炭粒度分布	1.00
118	粒状分子筛粒度测定方法	2.00
119	尿素总氮测定	4.00
120	木质活性炭强度	2.00
121	氢氟酸残留物（硅藻土助滤剂）	3.50
122	硫黄筛余物	3.00
123	石脑油砷质量分数的测定（砷斑法）	4.00
124	水处理剂-聚氯化铝含量	3.00
125	活性炭四氯化碳吸附率	2.00
126	添加剂黏度	2.00
127	消泡剂不挥发物测定	3.00
128	聚合铝盐酸可溶率	3.00
129	氧化钙含量测定	1.00
130	氧化铝含量（聚合铝）	2.00

表 D.6　原辅材料类（续）

序号	分析项目名称	分析时间 h
131	药剂水溶性试验	2.00
132	阴、阳离子型聚丙烯酰胺水溶时间	2.00
133	水处理剂有效卤含量 ECH-99	2.00
134	原料油中铁含量测定法（比色法）	5.00
135	油品正庚烷不溶物	5.00
136	重质油、原料油苯胺点测定	2.00
137	吸附油的活性炭装填密度	1.00
138	对苯二酚灼烧残渣	1.00
139	硅藻土助滤剂灼烧失重	2.50
140	工业用甲醛溶液（电位滴定法）	0.60
141	化工产品中水分测定的通用方法（干燥减量法）	0.20
142	硫酸铵氧化率	0.40
143	碳酸钾脱碳液中总铁的测定	1.00
144	脱碳液活化剂含量	1.00
145	正构烷烃含量及碳数分布	1.50
146	油品手动馏程的测定	1.50
147	油品自动馏程的测定	1.00
148	油品模拟蒸馏	0.80
149	石油产品溴指数的测定	0.50
150	灰水分散剂固含量	1.00
151	灰水分散剂总磷（以 PO_4 计）含量	2.40
152	灰水絮凝剂固含量	1.00
153	硫酸灰分含量	3.00
154	硫酸中铁含量	4.00
155	次氯酸钠铁含量	1.00
156	盐酸溶液硫酸盐（以 SO_4^{2-} 计）含量	1.00
157	盐酸溶液铁含量	4.00
158	浓硫酸透明度	1.00
159	乙二醇纯度	0.70

表 D.6 原辅材料类（续）

序号	分析项目名称	分析时间 h
160	乙二醇外观	0.20
161	乙二醇色度	0.70
162	乙二醇密度(20 ℃)	0.70
163	乙二醇水分	1.00
164	乙二醇酸度	1.00
165	乙二醇铁含量	1.00
166	乙二醇灰分	1.50
167	硫酸灰分测定	3.00
168	甲缩醛纯度	0.80
169	甲缩醛水含量	0.70
170	分散剂磷酸盐	2.50
171	异丙醇密度(20 ℃)	0.70
172	草酸中草酸含量	2.00
173	盐酸溶液中铁含量	4.10
174	次氯酸钠中铁含量	1.00
175	氢氧化钙酸不溶物	2.00
176	氯化钠的含量	3.50
177	氯化钠的水分	1.00
178	氯化钠水不溶物	0.70
179	氯化钠中钙镁离子	1.50
180	氯化钠中硫酸根离子	1.50
181	复合助剂主抗氧剂(1010)含量	2.40
182	复合助剂主抗氧剂(168)含量	2.40
183	复合助剂吸酸剂硬脂酸钙含量	2.40
184	复合助剂总硫	1.00
185	复合助剂水含量	0.70
186	复合助剂硫含量	1.00
187	次氯酸钠中铁(Fe)含量	1.00

表 D.7 树脂分析类

序号	分析项目名称	分析时间 h
1	聚乙烯粉料熔体流动速率	0.20
2	聚乙烯粉料 密度	0.70
3	聚乙烯粉料 粒径分布、细粉质量、APS(平均粒径)	1.00
4	聚乙烯粉料 堆积密度	0.20
5	聚丙烯粉料熔体质量流动速率	0.30
6	聚丙烯二甲苯可溶物	1.50
7	聚乙烯成品蛇皮和拖尾粒、大粒和小粒、色粒	1.00
8	聚乙烯成品密度	0.70
9	聚乙烯成品拉伸屈服应力、拉伸断裂应力、断裂伸长率	2.00
10	聚乙烯成品简支梁冲击强度23 ℃、弯曲模量,MPa	0.20
11	聚乙烯成品雾度	1.00
12	聚乙烯成品鱼眼	0.10
13	聚丙烯成品黑粒、黄色指数	0.20
14	聚丙烯成品熔体质量流动速率	0.20
15	聚丙烯成品等规度	1.50
16	聚丙烯成品灰分总量	2.00
17	聚丙烯成品拉伸断裂应力、拉伸断裂标称应变	2.00
18	聚丙烯成品简支梁冲击强度	0.20
19	聚丙烯乙烯含量(红外法)	0.30
20	编织袋拉伸强度	1.00
21	编织袋经纬密度	0.50
22	编织袋跌落试验	1.00
23	编织袋重量分析	0.10
24	聚甲醛树脂中游离甲醛含量的测定(分光光度法)	2.00
25	聚甲醛树脂b值的测定(色差仪法)	0.40
26	聚甲醛树脂热重损失的测定	0.80
27	工业三聚甲醛溶液中甲酸钠含量的测定(容量法)	1.00
28	聚甲醛树脂中末端基含量的测定(电位滴定法)	1.60

ICS 03.100.30
S 02

国家能源投资集团有限责任公司企业标准

Q/GN 0013—2020

铁路运输企业劳动定员

Personnel Quota for Railway Transportation Enterprise

2020-06-03 发布   2020-07-01 实施

国家能源投资集团有限责任公司   发 布

目　　次

前　　言

本标准按照 GB/T 1.1—2009 给出的规则编写。

本标准由国家能源投资集团有限责任公司组织人事部提出并解释。

本标准由国家能源投资集团有限责任公司科技部归口。

本标准主要起草单位：国家能源投资集团有限责任公司组织人事部、包神铁路、朔黄铁路。

本标准主要起草人：惠舒清、席宝敏、孙文、梁晓光、杨勇、武晓东、成晨、谢波。

本标准首次发布。

本标准在执行过程中的意见或建议反馈至国家能源投资集团有限责任公司组织人事部。

引　言

本标准编制目的

为提高国家能源投资集团有限责任公司运输(铁路)产业用工管理水平,优化劳动组织和人力资源配置,进一步提高劳动生产率,为国家能源投资集团有限责任公司创建世界一流示范企业提供有力支撑,特制定本标准。

本标准编制原则

——突出前瞻性,兼顾开放性,符合集团公司发展战略。

——精干高效、效率优先。通过管理机制创新和流程优化,合理调整劳动组织结构,压缩管理层级,提高劳动效率。

——科学性、先进性、可操作性相结合。创新工作思路,运用新办法和新举措,切实解决当前管理工作中遇到的新情况、新问题。

——典型引领,以点带面、循序渐进、协调发展。选取典型企业和项目,做好典型研究,通过以点带面、循序渐进的方式分类完善标准。

——对标一流,创建一流,持续优化,动态管理。积极与国内外一流企业对标,寻找差距,持续改进,不断提升,实现动态管理。

铁路运输企业劳动定员

1　范围

本标准是根据铁路运输行业的特点,结合国家能源投资集团有限责任公司铁路板块的生产布局、劳动组织、技术装备、专业特点等因素编制的。

本标准适用于国家能源投资集团有限责任公司铁路板块各分(子)公司及下属生产单位的组织机构设置、管理定编和岗位定员,以及全口径劳动用工管理。其中车务专业包括运转、调车、客运、货运等;机务专业包括机车乘务、机车检修、机车整备等;工务专业包括线路维修、桥隧维修、路基维修、道口看守、综合机修及机械化线路道岔捣固等;供电专业包括接触网维修、电力线路检修、变配电值守等;电务专业包括信号维修、通信维修等;车辆专业包括货车段修、厂修、轮对检修、列车检查等。

本标准适用于包神、神朔、朔黄、大准既有线、新线、在建线路,及铁路装备公司的机构设置及定员标准。

2　规范性引用文件

下列文件对于本文件的应用是必不可少的。凡是注日期的引用文件,仅所注日期的版本适用于本标准。凡是不注日期的引用文件,其最新版本(包括所有的修改单)适用于本标准。

《中华人民共和国职业分类大典》(2015 年颁布)

《中华人民共和国工种分类目录》(1993 年颁布,后陆续增补多册)

中华人民共和国铁道部《铁路运输单位劳动生产率统计规则》(2011 年颁布)

中华人民共和国铁道部《铁路运输业劳动定员标准》(1998 年颁布)

中华人民共和国铁道部、劳动部《铁路职业技能标准》(1997 年颁布)

3　名词、术语释义

下列术语和定义适用于本标准。

3.1

换算系数　conversion factor

鉴定测评各种设备检修消耗工时的统计指标。

3.2

生产组　production group

按其生产任务的专业特点、分工而组成的一级生产单位和管理单位。

3.3

编组站　marshalling station

铁路枢纽的核心,是车流集散和编组基地。

3.4

区段站　section station

牵引区段的分界点。区段站的主要任务为邻接的铁路区段供应及整备机车或更换机车乘务组,并为无改编中转货物列车办理规定的技术作业。

3.5

中间站　intermediate station

为提高铁路区段通过能力,保证行车安全而设的车站,同时承担所在地区的旅客乘降和货物发送到达任务。

3.6

调车　shunting

在铁路运输生产过程中,除列车在车站的到达、出发、通过以及在区间内运行外,凡机车车辆进行一切有目的的移动统称为调车。为解体、编组列车,摘挂、转场、调移、取送车辆以及机车的对位、转线、出入段等目的而使机车车辆在站线或其他线路上移动的作业。它是铁路行车工作的基本内容之一。

3.7

道岔　turnout

是一种使机车车辆从一股道转入另一股道的线路连接设备。也是轨道的薄弱环节之一。通常在车站、编组站大量铺设。有了道岔可以充分发挥线路的通过能力,使列车由一组轨道转到另一组轨道。每组道岔由转辙器、叉心、两根护轨和叉枕组成,由长柄以杠杆原理拨动两根活动轨道,使车辆轮缘依开通方向驶入预定进路。

3.8

道口　level crossing

指铁路线上铺面宽度在2.5 m及以上,直接与铁路贯通的平面交叉。按看守情况分为有人看守和无人看守道口。

3.9

接触网　catenary

接触网是在电气化铁路中,沿钢轨上空"之"字形架设的、供受电弓取流的高压输电线。接触网是铁路电气化工程的主构架,是沿铁路线上空架设的向电力机车供电的特殊形式的输电线路。其由接触悬挂、支持装置、定供装置、支柱与基础几部分组成。

3.10

列尾装置　tail arrangement

全称为列车尾部安全防护装置,是用于货物列车取消守车后,在尾部无人值守的情况下,为提高铁路运输的安全性而研制的专用运输安全装置,设备应用计算机编码、无线遥控、语音合成、计算机处理技术,保证列车运行安全而设计生产的安全防护设备,也是主要的铁路行车设备。

3.11

轮对　wheelset

机车车辆上与钢轨相接触的部分,由左右两个轮牢固地压装在同一根车轴上所组成。轮对的作用是保证机车车辆在钢轨上运行和转向,承受来自机车车辆的全部静、动载荷,把它递给钢轨,并将线路不平顺产生的载荷传递给机车车辆各零件部。

4　铁路板块专业设置

铁路运输企业是一个大联动机,专业复杂,工种繁多,其主要专业如下:

车务专业负责列车的行车指挥和列车运营工作。主要工作内容包括办理车站列车接发、列车编组,客、货运的计划和运营。

机务专业主要负责客、货列车的牵引,机车的检修、运用机车的技术检查和出入库整备。

供电专业主要负责铁路的电力供应和线路接触网管理、检测、维护、抢修工作。

工务专业主要负责铁路线路及相关设备保养与维修,包括铁路线路、桥梁、隧道、涵洞、路基、钢轨、道砟等设备的大中修和日常维修。

电务专业主要负责管理和维护列车在运行途中的地面信号、机车信号及道岔通信设备,确保信号通信设备完好,确保列车正常运行。

车辆专业主要负责客、货列车车辆的运营、整备、检修工作。包括货车、客车车辆的定期检修和列车运行中停站的地面检查和车上检查工作。

5　劳动用工形式

劳动用工必须树立为铁路运输生产服务的思想,严格按照国家规定的各项劳动用工方针、政策和法规,坚持按照劳动定员标准,控制用工总量,建立适应新常态下的用工机制,降低人工成本,保障劳动者合法权益,加强思想政治工作的职业道德、技能教育,科学管理,调动员工的积极性,提高企业的经济效益,努力塑造一支思想先进,技术过硬,纪律严明,团结协作的员工队伍。

合同制员工。劳动合同制是指用人单位和劳动者通过依法订立劳动合同,建立劳动关系的人员。合同制员工主要适用于企业技术岗位人员,是企业员工队伍的主体。

劳务工。劳务工是指由用人单位与劳务输出单位通过签订劳务协议所使用的人员。

委外承包用工。委外承包用工是指和具有法人资质的国有、集体企业,通过招投标使用的委外承包制劳动用工。

临时工。临时工是指由用人单位与劳动者签订劳动合同期限不超过一年的季节性或临时性的用工。

6　组织机构设置及定员标准

铁路运输生产过程是流动的,点多,线长,分散性大,整体性强,基于这一特点,铁路运输企业的管理层次要坚持管理需要、管理宽度、管理层级、合理集权与分权、职责权统一,人是组织主体的基本原则,避免"因人建庙"上下对口组织重叠,机构庞大,人多事少,职责不清的不良现象。

铁路运输企业采用四级管理层级。即分(子)公司——段(三级公司)——站区(车间)——班组。如图1所示。

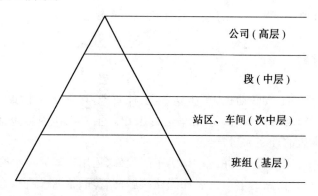

公司(高层)

段(中层)

站区、车间(次中层)

班组(基层)

图 1   铁路运输企业的四级管理层级

6.1   段(三级公司)组织结构设置及定员标准

分(子)公司以下的基层段(三级公司),从统一、精简、节约和提高运输生产效率的要求出发,在传统的职能型组织机构基础上进行改革,将包神、神朔、朔黄以专业为性质的车务、工务、电务、供电段进行了整合,分别成立了运输段(三级公司),大大压缩了管理人员(模式一)。

由于既有设备、管理方式、劳动组织等原因,大准的三级单位仍然是按传统的车务段、机务段、供电段、工务段、信号段、通信段、车辆段进行设置(模式二)。

6.1.1   模式一机构设置

6.1.1.1   综合运输段

职能科室:综合管理部、党建工作部、生产技术部、安全环保部、人力资源部、生产调度室、经营核算科、教育培训部。

生产部门:站区,特、一、二、三等站,工务工队(车间),电务工队(车间),供电工队(车间)。随着改革的不断深入,按专业设置的车间逐步向站区化管理模式过渡(不设置专业工队、车间)。

6.1.1.2   机务段

职能科室:综合管理部、党建工作部、生产技术部、安全环保部、人力资源部、经营核算科、教育培训部、验收室。

生产部门:运用车间、检修车间、整备车间、机车监控车间、联合运输管理车间、折返段、救援车间(仅限有救援列车的段设置)。

6.1.1.3   车辆段(分公司)

职能科室:综合管理部、党建工作部、人力资源部、财务科、生产调度室、安全环保部、验收室(沧州分公司设机车验收室、车辆验收室),生产技术部(沧州分公司设机车生产技术部、车辆生产技术部)。

生产部门:段修车间、厂修车间、设备车间、轮轴车间、红外线车间、运用车间(列检所)、配件车间、轴承车间、闸瓦新造车间。

6.1.1.4　工务机械段

职能部室:综合管理部、党建工作部、经营管理科、生产调度室、生产技术部、安全环保部。

生产部门:清筛队、线路捣固队、道岔捣固队、换轨队、钢轨打磨队。

6.1.2　模式二机构设置

6.1.2.1　车务段

职能部室:综合管理部、生产技术部、安全环保部、人力资源部、党建工作部、教育培训部。

生产部门:站区、车站。

6.1.2.2　工务段

职能部室:综合管理部、生产技术部、安全环保部、人力资源部、党建工作部、教育培训部。

生产部门:工务工队(车间)。

6.1.2.3　信号段

职能部室:综合管理部、生产技术部、安全环保部、人力资源部、党建工作部、教育培训部。

生产部门:电务工队(车间)。

6.1.2.4　通信段

职能部室:综合管理部、生产技术部、安全环保部、人力资源部、党建工作部、教育培训部。

生产部门:通信工队(车间)。

6.1.2.5　供电段

职能部室:综合管理部、生产技术部、安全环保部、人力资源部、党建工作部、教育培训部。

生产部门:供电、电力工队(车间)。

6.1.3　段(三级公司)职能科室、生产车间管理人员定员标准

6.1.3.1　综合运输段管理人员劳动定员标准

综合运输段管理(行政、工程技术、政工)人员劳动定员标准见表1。

表 1 综合运输段管理(行政、工程技术、政工)人员劳动定员标准

机构设置及工作范围			适用职名	定员标准
名称	设置条件	工作范围		
一、段(三级公司)领导			段长、党委书记(党总支书记)、工会主席(纪委书记)、副段长、总工程师	铁路段负责人职数一般不超过 5 人。按区域设立的分子公司,负责人职数一般不超过 7 人。年度铁路运量超过 1.5 亿 t(含)的可适当增加负责人职数 1 人
二、职能机构				
1. 综合管理部		负责文书、档案、印鉴、证照管理、信访接待、计划生育、爱国卫生、绿化环境、公益劳动、社会性活动、总务后勤管理、办公用具和低值易耗品供应、防暑降温品的发放、用车管理等工作	主任、副主任、行政管理员、事务员	501 人~1 000 人设 5 人;1 001 人~1 500 人设 6 人;1 501 人以上设 7 人。其中设主任 1 人,1 501 人以上设副主任 1 人
2. 党建工作部		负责党、工、团组织建设,思想建设、制度建设、作风建设、纪检监察等工作;组织党、团员的政治学习、宣传和贯彻执行党的各项方针政策;对党员、团员进行教育、管理、监督和服务;做好党、团支部建设和党、团员的发展工作,发挥工会民主参与和民主监督作用,实行民主管理,维护职工合法权益;组织职工文化体育活动	科长、团委书记、政工员	501 人~1 000 人设 5 人;1 001 人~1 500 人设 6 人;1 501 人以上设 7 人。其中设科长 1 人、团委书记 1 人
3. 生产技术部		负责站务、运输、客货组织、基础部分的接触网、牵引变电、电力设备和线路、工务线路、桥隧、路基、道口、电务通信、信号等基础设备的检查、维修生产技术业务。负责检修工艺、作业程序及规章制度的制定和修改。负责设备、质量、环保的管理等工作	科长、副科长、工程师、助理工程师、技术员	职工人数在 1 000 人以下设 14 人;1 001 人~1 500 人设 16 人;1 501 人~2 000 人设 18 人;2 001 人以上设 20 人。其中设科长 1 人,1 501 人以上设副科长 4 人

表 1　综合运输段管理(行政、工程技术、政工)人员劳动定员标准(续)

机构设置及工作范围			适用职名	定员标准
名称	设置条件	工作范围		
4. 安全环保部		负责行车、人身、设备、路外伤亡等事故的分析、调查和处理;对安全生产情况进行监督和检查;制定相应的事故处理办法及安全监督检查的工作制度;做好职工安全生产的培训、考核以及劳动保护用品使用的监督检查	科长、副科长、安全监察	501 人～1 000 人设 5 人;1 001 人～1 500 人设 6 人;1 501 人～2 000 人设 7 人;2 001 人以上设 9 人。其中设科长 1 人,1 501 人以上设副科长 1 人
5. 人力资源部		负责薪酬(工资、奖励、津贴)、机构定员、劳动定额、劳动工资计划、劳动组织、劳动保险(养老、医疗、失业、企业年金)、住房公积金、干部和工人调配管理、奖惩等工作	科长、副科长、经济师、助理经济师、经济员、主管	500 人以下设 3 人;501 人～1 000 人设 5 人;1 001 人～1 500 人设 6 人;1 501 人～2 000 人设 7 人,2 001 人以上设 8 人。其中设科长 1 人、1 501 人以上设副科长 1 人
6. 生产调度室		掌握车务、工务、电务、供电各部门生产进度、安全生产情况,做好各相关部门的组织协调和信息传递工作;对安全隐患等突发情况及时上报主管领导及相关部门,采取积极有效措施,确保运输生产的正常进行	主任、调度员	每段设 5 人,其中主任 1 人,调度员 4 人(实行 3 班制)
7. 经营核算科		负责固定资产、成本、预算的统计分析及财务费用的计划、申报、核算等工作	科长、核算员	501 人～1 000 人设 5 人;1 001 人～1 500 人设 6 人;1 501 人～2 000 人设 7 人,2 001 人以上设 8 人。其中设科长 1 人、1 501 人以上设副科长 1 人
8. 教育培训部		负责职工教育、业务培训、职业技能鉴定和考核、提出教育培训计划等工作	科长、科员	501 人～1 000 人设 3 人;1 001 人～1 500 人设 4 人;1 501 人～2 000 人设 5 人,2 001 人以上设 6 人。其中设科长 1 人

表 1　综合运输段管理（行政、工程技术、政工）人员劳动定员标准（续）

机构设置及工作范围			适用职名	定员标准
名称	设置条件	工作范围		
三、生产机构				
1. 站区	具有工务、电务、供电工队（车间）且辖3个及以上车站	负责管辖内车务、工务、电务、供电各专业的生产管理、组织协调、联络协作、党务、后勤服务等工作	主任、副主任、党支部书记、事务员	设主任1人，党支部书记1人，事务员1人，管辖四个以上车站的站区另增副主任1人
2. 特等站	按集团公司车站等级划分标准设置		站长、副站长、党支部书记、事务员	设站长1人、党委（总支）书记1人、副站长3人、工程师1人、事务员1人
3. 一、二等站	按集团公司车站等级划分标准设置		站长、副站长、党支部书记、事务员	设站长1人、副站长2人、事务员1人。党支部书记由站长兼
4. 三等站	按集团公司车站等级划分标准设置		站长、副站长、事务员	设站长1人、副站长1人、事务员1人
5. 四、五等站	按集团公司车站等级划分标准设置		站长	设站长1人
6. 工务工队（车间）	3个以上工区（班组）可设工队（车间）		队长（主任）、副队长（副主任）、技术员（兼事务员）	每个工队（车间）设队长（主任）、副队长（副主任）、技术员（兼事务员）各1人。党支部书记由工队（车间）队长（主任）兼
7. 电务工队（车间）				
8. 供电工队（车间）				

6.1.3.2　机务段管理人员劳动定员标准

机务段管理（行政、工程技术、政工）人员劳动定员标准见表2。

表 2　机务段管理(行政、工程技术、政工)人员劳动定员标准

机构设置及工作范围			适用职名	定员标准
名称	设置条件	工作范围		
一、段(三级公司)领导			段长、党委书记(党总支书记)、副段长、总工程师、工会主席(纪委书记)	铁路段负责人职数一般不超过 5 人。按区域设立的分子公司:负责人职数一般不超过 7 人。年度铁路运量超过 1.5 亿 t(含)的可适当增加负责人职数 1 人～2 人
二、职能机构				
1. 综合管理部		负责文书、档案、印鉴、证照管理、信访接待、计划生育、爱国卫生、绿化环境、公益劳动、社会性活动、总务后勤管理、办公用具和低值易耗品供应、防暑降温品的发放、用车管理等工作	主任、副主任、行政管理员、事务员	500 人以下设 3 人;501 人～1 000 人设 5 人;1 001 人～1 500 人设 6 人;1 501 人以上设 7 人。其中设主任 1 人,1 001 人以上设副主任 1 人
2. 党建工作部		负责党、工、团组织建设,思想建设,制度建设,作风建设,纪检监察等工作;组织党、团员的政治学习,宣传和贯彻执行党的各项方针政策;对党员、团员进行教育、管理、监督和服务;做好党、团支部建设和党、团员的发展工作,发挥工会民主参与和民主监督作用,实行民主管理,维护职工合法权益;组织职工文化体育活动	科长、团委书记、政工员	501 人～1 000 人设 5 人;1 001 人～1 500 人设 6 人;1 501 人以上设 7 人。其中设科长 1 人、团委书记 1 人
3. 生产技术部		负责机车和机械设备的管理、机车运用、检修、规章制度、工艺流程的制定,全面质量管理、计量、环保、科技、节能、化验、统计和技术档案等工作	科长、副科长、工程师、助理工程师、技术员	按配属机车每 20 台设 1 人(不足 20 台不增人),每个中修台位另增 1 人。其中设科长 1 人、副科长 1 人～2 人

表 2　机务段管理（行政、工程技术、政工）人员劳动定员标准（续）

机构设置及工作范围			适用职名	定员标准
名称	设置条件	工作范围		
4. 安全环保部		负责行车、人身、设备、路外伤亡等事故的分析、调查和处理；对安全生产情况进行监督和检查；制定相应的事故处理办法及安全监督检查的工作制度；做好职工安全生产的培训、考核以及劳动保护用品使用的监督检查	科长、副科长、安全监察	501 人～1 000 人设 5 人；1 001 人～1 500 人设 6 人；1 501 人～2 000 人设 7 人；2 001 人以上设 9 人。其中设科长 1 人、1 501 人以上设副科长 1 人
5. 人力资源部		负责薪酬（工资、奖励、津贴）、机构定员、劳动定额、劳动工资计划、劳动组织、劳动保险（养老、医疗、失业、企业年金）、住房公积金、干部和工人调配管理、奖惩等工作	科长、副科长、经济师、助理经济师、经济员、主管	500 人以下设 3 人；501 人～1 000 人设 5 人；1 001 人～1 500 人设 6 人；1 501 人～2 000 人设 7 人，2 001 人以上设 8 人。其中设科长 1 人、1 501 人以上设副科长 1 人
6. 验收室		负责机车检修、机车配件生产的质量验收工作和有关规章制度的贯彻执行	主任、验收员	设主任 1 人（不脱产），每 3 个定修台位设 1 人；每 2 个中修台位设 1 人；每段设配件验收员 1 人
7. 经营核算科		负责固定资产管理、成本管理、预算管理及财务费用的计划、申报、核算、审核等工作	科长、核算员	501 人～1 000 人设 5 人；1 001 人～1 500 人设 6 人；1 501 人～2 000 人设 7 人，2 001 人以上设 8 人。其中设科长 1 人、1 501 人以上设副科长 1 人
8. 教育培训部		负责职工教育、业务培训、职业技能鉴定和考核等工作	科长、科员	501 人～1 000 人设 3 人；1 001 人～1 500 人设 4 人；1 501 人～2 000 人设 5 人，2 001 人以上设 6 人。其中设科长 1 人

表2　机务段管理(行政、工程技术、政工)人员劳动定员标准（续）

机构设置及工作范围			适用职名	定员标准
名称	设置条件	工作范围		
三、生产机构				
1.运用车间		负责机车运用工作	主任、党支部书记、副主任、事务员	设主任1人,副主任2人,党支部书记1人;配属机车100台以上增设副主任1人;运用工程师或助理工程师1人,事务员(计工员)1人,机车运用统计分析1人
2.检修车间		负责机车检修、配件加修、设备检修和机车抢修等工作	主任、党支部书记、副主任、事务员	设主任、副主任、党支部书记各1人;工程师(助理工程师、技术员)、事务员(计工员)各1人;有两个中修或三个以上定修台位的车间增设副主任1人
3.整备车间		负责上砂、上油等机车整备工作	主任、党支部书记、副主任、事务员	设主任、副主任、党支部书记各1人,事务员1人
4.机车监控车间		负责机车监控数据转储、分析以及监控装置的使用维修等工作	主任、党支部书记、副主任、事务员	设主任、副主任、党支部书记各1人,事务员1人
5.联合运输管理车间		负责联运单位机车运用管理工作	主任、党支部书记、事务员	设主任1人、党支部书记1人、事务员2人
6.折返段		在运用整备车间的领导下,负责本折返段机车运用、上砂、上油等机车整备工作和轮乘制机车养护的地勤作业	主任、副主任、事务员	设主任、技术员、事务员各1人
7.救援车间		救援设备维护、技能演练、事故抢险	主任、管理员	每列救援车设主任、事务员各1人

6.1.3.3　车辆段(分公司)管理人员劳动定员标准

车辆段(分公司)管理(行政、工程技术、政工)人员劳动定员标准见表3。

表 3　车辆段(分公司)管理(行政、工程技术、政工)人员劳动定员标准

机构设置及工作范围			适用职名	定员标准
名称	设置条件	工作范围		
一、段(分公司)领导			经理、党委书记(党总支书记)、副经理、总工程师、工会主席(纪委书记)	铁路段负责人职数一般不超过 5 人。按区域设立的分子公司:负责人职数一般不超过 7 人
二、职能机构				
1. 综合管理部		负责文书、档案、印鉴、证照管理、信访接待、计划生育、爱国卫生、绿化环境、公益劳动、社会性活动、总务后勤管理、办公用具和低值易耗品供应、防暑降温品的发放、用车管理等工作	主任、副主任、行政管理员、事务员	职工人数在 300 人以下设 3 人;500 人以下设 4 人;501 人～1 000 人设 5 人;1 001 人～1 500 人设 6 人;1 501 人以上设 7 人。其中设主任 1 人,1 001 人以上设副主任 1 人
2. 党建工作部		负责党、工、团组织建设,思想建设、制度建设、作风建设、纪检监察等工作;组织党、团员的政治学习、宣传和贯彻执行党的各项方针政策;对党员、团员进行教育、管理、监督和服务;做好党、团支部建设和党、团员的发展工作,发挥工会民主参与和民主监督作用,实行民主管理,维护职工合法权益;组织职工文化体育活动	科长、团委书记、政工员	职工人数在 1 000 人以下设 5 人;1 001 人～1 500 人设 6 人;1 501 人以上设 7 人。其中设科长 1 人、团委书记 1 人
3. 人力资源部		负责薪酬(工资、奖励、津贴)、机构定员、劳动定额、劳动工资计划、劳动组织、劳动保险(养老、医疗、失业、企业年金)、住房公积金、干部和工人调配管理、奖惩、职工教育、业务培训、职业技能鉴定和考核等工作	科长、副科长、经济师、助理经济师、经济员、主管	职工人数在 500 人以下设 3 人;501 人～1 000 人以下设 5 人;1 001 人～1 500 人设 6 人;1 501 人以上设 7 人。其中设科长、副科长各 1 人,1 501 人以上设教育副科长 1 人

表 3　车辆段(分公司)管理(行政、工程技术、政工)人员劳动定员标准(续)

机构设置及工作范围			适用职名	定员标准
名称	设置条件	工作范围		
4. 财务科		负责财务会计核算、固定资产、专用资金、流动资金和现金管理,编制财务收支计划、决算、有关统计报表,负责职工奖励、工资发放等工作	科长、副科长、会计、出纳	职工人数在 1 000 人以下设 4 人;1 001 人～1 500 人设 5 人;1 501 人以上设 6 人。其中设科长、副科长各 1 人
5. 生产调度室	运用段不设室、专职人员归生产技术部管理	掌握各车间的生产进度、安全生产情况,做好各相关部门的组织协调和信息传递工作;对安全隐患等突发情况及时上报主管领导及相关部门,并贯彻执行;按检修计划及时组织检修车辆取送	主任、调度员	设 5 人,其中设主任 1 人,调度员 4 人(实行 3 班制)
6. 生产技术部	沧州分公司分设机车、车辆生产技术部	负责车辆和机械设备运用、检修、工艺、规章制度、全面质量管理、计量理化、科技、节能、技术档案等工作	科长、副科长、工程师、助理工程师、技术员	车辆按年货车换算段修辆数每 1 000 辆设 1 人,最高设 15 人。沧州分公司机车、车辆生产技术部合计最高设 16 人
7. 安全环保部		负责作业安全、人身安全、设备安全、事故处理等政策、法令、规章制度的贯彻执行,并对以上安全情况进行监督和检查;制定相应的事故处理办法及安全监督检查的工作制度,组织事故的调查与处理;做好职工安全生产的培训、考核以及劳动保护用品使用的监督检查、环保相关工作	科长、副科长、安全监察	职工人数在 500 人以下设 4 人;501 人～1 000 人以下设 5 人;1 001 人～1 500 人设 6 人;1 501 人以上设 7 人。其中设科长 1 人、副科长 1 人

表 3   车辆段(分公司)管理(行政、工程技术、政工)人员劳动定员标准（续）

机构设置及工作范围			适用职名	定员标准
名称	设置条件	工作范围		
8. 验收室	沧州分公司分设机车、车辆验收室	负责检修机车、车辆和配件的质量验收工作	主任、验收员	设主任 1 人，年货车换算段修辆数每 1 500 辆设 1 人。沧州分公司机车、车辆验收室合计最高设 6 人
三、生产机构				
1. 段修车间		负责货车段修、配件加修等工作	主任、副主任、事务员（计工员）、党支部书记	主任 1 人、副主任 2 人，主任兼党支部书记
2. 厂修车间		按厂修规范负责货车厂修工作		主任 1 人、副主任 2 人，主任兼党支部书记
3. 设备车间	只限做货车厂修和轮对厂修的段	负责机械设备的检查和修理等工作	主任、副主任、工程师（助理工程师、技术人员）	主任 1 人、副主任 1 人，主任兼党支部书记
4. 轮轴车间	只限做轮对厂修的段	负责轮对厂修、段修轮对的检查和修理等		
5. 红外线车间		负责红外线设备的检查和修理等工作	主任、副主任	
6. 运用车间（列检所）	按列车保证区段的规定，只限编组区段站设	列车检查及故障处理（辅修、临修、边线修）	主任、副主任	主任 1 人、副主任 2 人，主任兼党支部书记
7. 配件车间	限陕西分公司	负责配件制作工作	主任、副主任	主任 1 人、副主任 1 人，主任兼党支部书记
8. 轴承车间	限陕西分公司	对轴承进行分解、检查、修理、组装等	主任、副主任	主任 1 人、副主任 1 人，主任兼党支部书记
9. 闸瓦新造车间	限陕西分公司	负责闸瓦制造等工作	主任、副主任	主任 1 人、副主任 1 人，主任兼党支部书记

6.1.3.4   工务机械段管理人员劳动定员标准

工务机械段管理(行政、工程技术、政工)人员劳动定员标准见表 4。

表 4 工务机械段管理(行政、工程技术、政工)人员劳动定员标准

机构设置及工作范围			适用职名	定员标准
名称	设置条件	工作范围		
一、段领导			段长(党委书记)、党委副书记(纪委书记、工会主席、副段长、副段长(总工程师)	铁路段负责人职数一般不超过5人。按区域设立的分子公司:负责人职数一般不超过7人
二、职能机构				
1. 综合管理部		负责文书、档案、印鉴、证照管理、信访接待、办公用具和低值易耗品供应、防暑降温品的发放,计划生育、爱国卫生、绿化环境、公益劳动、社会性活动、总务后勤管理、本部人员用车管理、固定资产管理、成本管理、预算管理及财务费用的申报、核算、审核等工作	主任、副主任、行政管理员、事务员	设5人,其中设主任、副主任各1人
2. 党建工作部		在党委副书记的领导下负责党、工、团组织的制度建设、思想建设、作风建设、组织发展、政治宣传、文体活动等工作	科长、政工员	设3人,其中科长1人
3. 生产调度科		负责各项大、中修施工的工程管理,编制和落实年度、月度施工组织方案和计划,确认日施工计划、生产任务完成情况,做好统计、制表和上报等工作	科长、调度员	设4人,其中设科长1人

表 4　工务机械段管理(行政、工程技术、政工)人员劳动定员标准(续)

机构设置及工作范围			适用职名	定员标准
名称	设置条件	工作范围		
4. 安全质量科		负责行车安全、人身安全、设备安全、路外伤亡、事故处理等政策、法令、规章制度的贯彻执行,并对以上安全情况进行监督和检查,制定相应的事故处理办法及安全监督的工作制度,组织行车、人身伤亡等事故的调查与处理,并做好职工安全生产的培训、考核以及劳动保护用品的发放工作	科长、安全监察	设5人,其中设科长1人
5. 生产技术部		负责线路、道岔机械化清筛、捣固、维修、大修等生产技术业务、设备管理、质量、验收、科技、环保、技术档案等工作;负责机械设备及附属车辆技术资料管理,机械设备及附属车辆大中修计划的提报及日常检修;建立健全三项设备使用分析记录和检测、维护管理工作,负责零库存物资及在账物资、配件及大型总成件的收发	科长、工程师、助理工程师、技术员、管理员	设8人,其中设科长,副科长各1人
6. 经营管理科		负责薪酬(工资、奖励、津贴)、机构定员、劳动定额、劳动工资计划、劳动组织、劳动保险(养老、医疗、失业、企业年金)、住房公积金、干部和工人调配管理、奖惩、财务报账、班组建设、职工培训、职业健康等工作	科长、经济师、助理经济师、经济员	设5人,其中设科长、副科长各1人

表 4　工务机械段管理（行政、工程技术、政工）人员劳动定员标准（续）

机构设置及工作范围			适用职名	定员标准
名称	设置条件	工作范围		
三、生产机构				
1. 清筛队		负责线路、道岔、隧道清筛等工作	队长、副队长、技术员、综合干事	设6人，其中设队长1人，副队长2人、技术员2人、事务员1人
2. 线路捣固队		负责线路捣固等工作	队长、副队长、技术员、综合干事	设6人，其中设队长1人，副队长2人、技术员2人、事务员1人
3. 道岔捣固队		负责道岔捣固等工作	队长、副队长、技术员、综合干事	设6人，其中设队长1人，副队长2人、技术员2人、事务员1人
4. 换轨队		负责线路换轨、换枕等工作	队长、副队长、技术员、综合干事	设6人，其中设队长1人，副队长2人、技术员2人、事务员1人
5. 钢轨打磨队		负责钢轨打磨工作	队长、副队长、技术员、综合干事	设6人，其中设队长1人，副队长2人、技术员2人、事务员1人

6.1.3.5　车务段管理人员劳动定员标准

车务段管理（行政、工程技术、政工）人员劳动定员标准见表5。

表 5　车务段管理（行政、工程技术、政工）人员劳动定员标准

机构设置及工作范围			适用职名	定员标准
名称	设置条件	工作范围		
一、段领导			段长、党委书记（党总支书记）、副段长、工会主席	铁路段负责人职数一般不超过5人。年度铁路运量超过1.5亿t（含）的可适当增加负责人职数1人

表 5　车务段管理（行政、工程技术、政工）人员劳动定员标准（续）

机构设置及工作范围			适用职名	定员标准
名称	设置条件	工作范围		
二、职能机构				
1. 综合管理部		负责文书、档案、印鉴、证照管理、信访接待、办公用具和低值易耗品供应、防暑降温品的发放、计划生育、爱国卫生、绿化环境、公益劳动、社会性活动、总务后勤管理、本部人员用车管理、固定资产管理、成本管理、预算管理及财务费用的申报、核算、审核等工作	主任、副主任、行政管理员、事务员	职工人数在 300 人以下设 2 人；500 人以下设 3 人；501 人～1 000 人设 5 人；1 001 人～1 500 人设 6 人；1 501 人以上设 7 人。其中设主任 1 人，1 001 人以上设副主任 1 人
2. 生产技术部		负责站务、客运、货运组织、生产技术业务、技术设备、技术档案、规章制度、统计等工作	科长、副科长、工程师、助理工程师、技术人员	职工人数在 300 人以下设 3 人；301 人～500 人设 4 人；501 人以上设 5 人。其中设科长 1 人，501 人以上设副科长 1 人
3. 安全环保部		负责行车、人身、设备、路外伤亡等事故的分析、调查和处理；对安全生产情况进行监督和检查；制定相应的事故处理办法及安全监督检查的工作制度；做好职工安全生产的培训、考核以及劳动保护用品使用的监督检查。负责环保相关制度的制定及实施	科长、副科长、安全监察	职工人数在 500 人以下设 2 人；501 人～1 000 人以下设 3 人；1 001 人～1 500 人设 4 人；1 501 人以上设 5 人。其中设科长 1 人，1 001 人以上设副科长 1 人
4. 人力资源部		负责薪酬（工资、奖励、津贴）、机构定员、劳动定额、劳动工资计划、劳动组织、劳动保险（养老、医疗、失业、企业年金）、住房公积金、干部和工人调配管理、奖惩等工作	科长、副科长、经济师、助理经济师、经济员、主管	职工人数 500 以下设 3 人；501 人～1 000 人以下设 5 人；1 001 人～1 500 人设 6 人；1 501 人以上设 7 人。其中设科长、副科长各 1 人

表 5　车务段管理（行政、工程技术、政工）人员劳动定员标准（续）

机构设置及工作范围			适用职名	定员标准
名称	设置条件	工作范围		
5. 党建工作部		负责党、工、团组织建设，思想建设、制度建设、作风建设、纪检监察等工作；组织党、团员的政治学习，宣传和贯彻执行党的各项方针政策；对党员、团员进行教育、管理、监督和服务；做好党、团支部建设和党、团员的发展工作，发挥工会民主参与和民主监督作用，实行民主管理，维护职工合法权益；组织职工文化体育活动	主任、团委书记、政工员	职工人数在 1 000 人以下设 3 人；1 001 人～1 500 人设 4 人；1 501 人以上设 5 人。其中设科长 1 人、团委书记 1 人
6. 教育培训部		负责职工教育、业务培训、职业技能鉴定和考核、提出教育培训计划等工作	科长、科员	职工人数 500 人以下设 3 人；501 人～1 000 人设 5 人；1 001 人～1 500 人设 6 人；1 501 人以上设 7 人。其中设科长 1 人
三、生产机构				
1. 中心站	三等以上站可设中心站，其管辖四、五等站不少于 4 个	负责协调所属四、五等站的运输组织及生产管理，负责辖区三等站的运输组织、生产、人员等管理	站长、副站长、事务员	中心站站长、副站长、事务员由三等站及以上站的站长、副站长、事务员兼，另设党支部书记 1 人
2. 特、一、二等站	按集团公司车站等级划分标准设置		站长、副站长、事务员	设站长 1 人、副站长 2 人、事务员 1 人
3. 三等站	按集团公司车站等级划分标准设置		站长、副站长、事务员	设站长、副站长、事务员各 1 人
4. 四、五等站	按集团公司车站等级划分标准设置		站长	设站长 1 人

6.1.3.6　工务段管理人员劳动定员标准

工务段管理(行政、工程技术、政工)人员劳动定员标准见表6。

表 6　工务段管理(行政、工程技术、政工)人员劳动定员标准

机构设置及工作范围			适用职名	定员标准
名称	设置条件	工作范围		
一、段领导			段长、党委书记(党总支书记)、副段长、工会主席	铁路段负责人职数一般不超过5人。年度铁路运量超过1.5亿 t(含)的可适当增加负责人职数1人
二、职能机构				
1. 综合管理部		负责文书、档案、印鉴、证照管理、信访接待、办公用具和低值易耗品供应、防暑降温品的发放、计划生育、爱国卫生、绿化环境、公益劳动、社会性活动、总务后勤管理、本部人员用车管理、固定资产管理、成本管理、预算管理及财务费用的申报、核算、审核等工作	主任、副主任、行政管理员、事务员	职工人数在300人以下设2人;500人以下设3人;501人~1 000人设5人;1 001人~1 500人设6人;1 501人以上设7人。其中设主任1人,1 001人以上设副主任1人
2. 生产技术部		负责线路、桥隧、路基、道口的生产技术业务、设备质量、验收、科技、环保、调度、技术档案等工作	科长、副科长、工程师、助理工程师、技术员	职工人数在300人以下设3人;301人~500人设4人;501人以上设5人。其中设科长1人,501人以上设副科长1人
3. 安全环保部		负责行车、人身、设备、路外伤亡等事故的分析、调查和处理;对安全生产情况进行监督和检查;制定相应的事故处理办法及安全监督检查的工作制度;做好职工安全生产的培训、考核以及劳动保护用品使用的监督检查	科长、副科长、安全监察	职工人数在500人以下设2人;501人~1 000人以下设3人;1 001人~1 500人设4人;1 501人以上设5人。其中设科长1人,1 001人以上设副科长1人

表 6　工务段管理(行政、工程技术、政工)人员劳动定员标准（续）

机构设置及工作范围			适用职名	定员标准
名称	设置条件	工作范围		
4. 人力资源部		负责薪酬（工资、奖励、津贴）、机构定员、劳动定额、劳动工资计划、劳动组织、劳动保险（养老、医疗、失业、企业年金）、住房公积金、干部和工人调配管理、奖惩等工作	科长、副科长、经济师、助理经济师、经济员、主管	职工人数 500 以下设 3 人；501 人～1 000 人以下设 5 人；1 001 人～1 500 人设 6 人；1 501 人以上设 7 人。其中设科长、副科长各 1 人
5. 党建工作部		负责党、工、团组织建设、思想建设、制度建设、作风建设、纪检监察等工作；组织党、团员的政治学习，宣传和贯彻执行党的各项方针政策；对党员、团员进行教育、管理、监督和服务；做好党、团支部建设和党、团员的发展工作，发挥工会民主参与和民主监督作用，实行民主管理，维护职工合法权益；组织职工文化体育活动	科长、团委书记、政工员	职工人数在 1 000 人以下设 3 人；1 001 人～1 500 人设 4 人；1 501 人以上设 5 人。其中设科长 1 人、团委书记 1 人
6. 教育培训部		负责职工教育、业务培训、职业技能鉴定和考核、提出教育培训计划等工作	科长、科员	职工人数 500 人以下设 3 人；501 人～1 000 人设 5 人；1 001 人～1 500 人设 6 人；1 501 人以上设 7 人。其中设科长 1 人
三、生产机构				
1. 工队（车间）	3 个以上工区（班组）可设工队（车间）		队长（主任）、副队长（副主任）、技术员（兼事务员）	每个工队（车间）设队长（主任）、副队长（副主任）、技术员（兼事务员）各 1 人。党支部书记由工队（车间）队长（主任）兼

6.1.3.7　信号段管理人员劳动定员标准

信号段管理(行政、工程技术、政工)人员劳动定员标准见表7。

表 7　信号段管理(行政、工程技术、政工)人员劳动定员标准

机构设置及工作范围			适用职名	定员标准
名称	设置条件	工作范围		
一、段领导			段长、党委书记(党总支书记)、副段长、工会主席	铁路段负责人职数一般不超过 5 人。年度铁路运量超过 1.5 亿 t(含)的可适当增加负责人职数 1 人
二、职能机构				
1. 综合管理部		负责文书档案、印鉴管理、信访接待、办公用具和低值易耗品供应、防暑降温品的发放、计划生育、爱国卫生、绿化环境、公益劳动、社会性活动、总务后勤管理、本部人员用车管理	主任、副主任、行政管理员、事务员	职工人数在 300 人以下设 2 人;500 人以下设 3 人;501 人~1 000 人设 5 人;1 001 人~1 500 人设 6 人;1 501 人以上设 7 人。其中设主任 1 人,1 001 人以上设副主任 1 人
2. 生产技术部		负责信号生产技术业务、规章制度、设备调度、质量、技术档案等工作	科长、副科长、工程师、助理工程师、技术员	职工人数在 300 人以下设 3 人;301 人~500 人设 4 人;501 人以上设 5 人。其中设科长 1 人,501 人以上设副科长 1 人
3. 安全环保部		负责行车、人身、设备、路外伤亡等事故的分析、调查和处理;对安全生产情况进行监督和检查;制定相应的事故处理办法及安全监督检查的工作制度;做好职工安全生产的培训、考核以及劳动保护用品使用的监督检查。负责环保相关制度的制定及实施	科长、副科长、安全监察	职工人数在 500 人以下设 2 人;501 人~1 000 人以下设 3 人;1 001 人~1 500 人设 4 人;1 501 人以上设 5 人。其中设科长 1 人,1 001 人以上设副科长 1 人
4. 人力资源部		负责薪酬(工资、奖励、津贴)、机构定员、劳动定额、劳动工资计划、劳动组织、劳动保险(养老、医疗、失业、企业年金)、住房公积金、干部和工人调配管理、奖惩	科长、副科长、经济师、助理经济师、经济员、主管	职工人数 500 以下设 3 人;501 人~1 000 人以下设 5 人;1 001 人~1 500 人设 6 人;1 501 人以上设 7 人。其中设科长、副科长各 1 人

表 7　信号段管理（行政、工程技术、政工）人员劳动定员标准（续）

机构设置及工作范围			适用职名	定员标准
名称	设置条件	工作范围		
5. 党建工作部		负责党、工、团组织建设，思想建设、制度建设、作风建设、纪检监察等工作；组织党、团员的政治学习、宣传和贯彻执行党的各项方针政策；对党员、团员进行教育、管理、监督和服务；做好党、团支部建设和党、团员的发展工作，发挥工会民主参与和民主监督作用，实行民主管理，维护职工合法权益；组织职工文化体育活动	科长、团委书记、政工员	职工人数在 1 000 人以下设 3 人；1 001 人～1 500 人设 4 人；1 501 人以上设 5 人。其中设科长 1 人、团委书记 1 人
6. 教育培训部		负责职工教育、业务培训、职业技能鉴定和考核、提出教育培训计划等工作	科长、科员	职工人数 500 人以下设 3 人；501 人～1 000 人设 5 人；1 001 人～1 500 人设 6 人；1 501 人以上设 7 人。其中设科长 1 人
三、生产机构				
1. 工队（车间）	3 个以上工区（班组）可设工队（车间）		队长（主任）、副队长（副主任）、技术员（兼事务员）	每个工队（车间）设队长（主任）、副队长（副主任）、技术员（兼事务员）各 1 人；党支部书记由工队（车间）队长（主任）兼

6.1.3.8　通信段管理人员劳动定员标准

通信段管理（行政、工程技术、政工）人员劳动定员标准见表8。

表 8　通信段管理（行政、工程技术、政工）人员劳动定员标准

机构设置及工作范围			适用职名	定员标准
名称	设置条件	工作范围		
一、段领导			段长、党委书记（党总支书记）、副段长、工会主席	铁路段负责人职数一般不超过 5 人。年度铁路运量超过 1.5 亿 t（含）的可适当增加负责人职数 1 人

表 8　通信段管理(行政、工程技术、政工)人员劳动定员标准（续）

机构设置及工作范围			适用职名	定员标准
名称	设置条件	工作范围		
二、职能机构				
1. 综合管理部		负责文书档案、印鉴管理、信访接待、办公用具和低值易耗品供应、防暑降温品的发放,计划生育、爱国卫生、绿化环境、公益劳动、社会性活动、总务后勤管理、本部人员用车管理	主任、副主任、行政管理员、事务员	职工人数在 300 人以下设 2 人;500 人以下设 3 人;501 人~1 000 人设 5 人;1 001 人~1 500 人设 6 人;1 501 人以上设 7 人。其中设主任 1 人,1 001 人以上设副主任 1 人
2. 生产技术部		负责通信生产技术业务、规章制度、设备调度、质量、技术档案等工作	科长、副科长、工程师、助理工程师、技术员	职工人数在 300 人以下设 3 人;301 人~500 人设 4 人;501 人以上设 5 人。其中设科长 1 人,501 人以上设副科长 1 人
3. 安全环保部		负责行车、人身、设备、路外伤亡等事故的分析、调查和处理;对安全生产情况进行监督和检查;制定相应的事故处理办法及安全监督检查的工作制度;做好职工安全生产的培训、考核以及劳动保护用品使用的监督检查。负责环保相关制度的制定及实施	科长、副科长、安全监察	职工人数在 500 人以下设 2 人;501 人~1 000 人以下设 3 人;1 001 人~1 500 人设 4 人;1 501 人以上设 5 人。其中设科长 1 人,1 001 人以上设副科长 1 人
4. 人力资源部		负责薪酬(工资、奖励、津贴)、机构定员、劳动定额、劳动工资计划、劳动组织、劳动保险(养老、医疗、失业、企业年金)、住房公积金、干部和工人调配管理、奖惩等工作	科长、副科长、经济师、助理经济师、经济员、主管	职工人数 500 以下设 3 人;501 人~1 000 人以下设 5 人;1 001 人~1 500 人设 6 人;1 501 人以上设 7 人。其中设科长、副科长各 1 人

表 8　通信段管理（行政、工程技术、政工）人员劳动定员标准（续）

机构设置及工作范围			适用职名	定员标准
名称	设置条件	工作范围		
5. 党建工作部		负责党、工、团组织建设，思想建设、制度建设、作风建设、纪检监察等工作；组织党、团员的政治学习、宣传和贯彻执行党的各项方针政策；对党员、团员进行教育、管理、监督和服务；做好党、团支部建设和党、团员的发展工作，发挥工会民主参与和民主监督作用，实行民主管理，维护职工合法权益；组织职工文化体育活动	科长、团委书记、政工员	职工人数在 1 000 人以下设 3 人；1 001 人～1 500 人设 4 人；1 501 人以上设 5 人。其中设科长 1 人、团委书记 1 人
6. 教育培训部		负责职工教育、业务培训、职业技能鉴定和考核、提出教育培训计划等工作	科长、科员	职工人数 500 人以下设 3 人；501 人～1 000 人设 5 人；1 001 人～1 500 人设 6 人；1 501 人以上设 7 人。其中设科长 1 人
三、生产机构				
1. 工队（车间）	3 个以上工区（班组）可设工队（车间）		队长（主任）、副队长（副主任）、技术员（兼事务员）	每个工队（车间）设队长（主任）、副队长（副主任）、技术员（兼事务员）各 1 人；党支部书记由工队（车间）队长（主任）兼

6.1.3.9　供电段管理人员劳动定员标准

供电段管理（行政、工程技术、政工）人员劳动定员标准见表 9。

表 9　供电段管理（行政、工程技术、政工）人员劳动定员标准

机构设置及工作范围			适用职名	定员标准
名称	设置条件	工作范围		
一、段领导			段长、党委书记（党总支书记）、副段长、工会主席	铁路段负责人职数一般不超过 5 人。年度铁路运量超过 1.5 亿 t（含）的可适当增加负责人职数 1 人

表 9　供电段管理(行政、工程技术、政工)人员劳动定员标准（续）

机构设置及工作范围			适用职名	定员标准
名称	设置条件	工作范围		
二、职能机构				
1. 综合管理部		负责文书、档案、印鉴、证照管理、信访接待、办公用具和低值易耗品供应、防暑降温品的发放,计划生育、爱国卫生、绿化环境、公益劳动、社会性活动、总务后勤管理、本部人员用车管理、固定资产管理、成本管理、预算管理及财务费用的申报、核算、审核等工作	主任、副主任、行政管理员、事务员	职工人数在 300 人以下设 2 人;500 人以下设 3 人;501 人～1 000 人设 5 人;1 001 人～1 500 人设 6 人;1 501 人以上设 7 人。其中设主任 1 人,1 001 人以上设副主任 1 人
2. 生产技术部		负责接触网、牵引变电、电力设备、电力运用、全面质量管理、科技、节能、环保的技术管理工作;负责检修工艺、操作规程、规章制度的制定,并建立完善的技术档案和设备台账	科长、副科长、工程师、助理工程师、技术员	职工人数在 300 人以下设 3 人;301 人～500 人设 4 人;501 人以上设 5 人。其中设科长 1 人,501 人以上设副科长 1 人
3. 安全环保部		负责行车、人身、设备、路外伤亡等事故的分析、调查和处理;对安全生产情况进行监督和检查;制定相应的事故处理办法及安全监督检查的工作制度;做好职工安全生产的培训、考核以及劳动保护用品使用的监督检查	科长、副科长、安全监察	职工人数在 500 人以下设 2 人;501 人～1 000 人以下设 3 人;1 001 人～1 500 人设 4 人;1 501 人以上设 5 人。其中设科长 1 人,1 001 人以上设副科长 1 人
4. 人力资源部		负责薪酬(工资、奖励、津贴)、机构定员、劳动定额、劳动工资计划、劳动组织、劳动保险(养老、医疗、失业、企业年金)、住房公积金、干部和工人调配管理、奖惩等工作	科长、副科长、经济师、助理经济师、经济员、主管	职工人数 500 以下设 3 人;501 人～1 000 人以下设 5 人;1 001 人～1 500 人设 6 人;1 501 人以上设 7 人。其中设科长、副科长各 1 人

表 9　供电段管理(行政、工程技术、政工)人员劳动定员标准（续）

机构设置及工作范围			适用职名	定员标准
名称	设置条件	工作范围		
5. 党建工作部		负责党、工、团组织建设，思想建设、制度建设、作风建设、纪检监察等工作；组织党、团员的政治学习、宣传和贯彻执行党的各项方针政策；对党员、团员进行教育、管理、监督和服务；做好党、团支部建设和党、团员的发展工作，发挥工会民主参与和民主监督作用，实行民主管理，维护职工合法权益；组织职工文化体育活动	科长、团委书记、政工员	职工人数在 1 000 人以下设 3 人；1 001 人～1 500 人设 4 人；1 501 人以上设 5 人。其中设科长 1 人、团委书记 1 人
6. 教育培训部		负责职工教育、业务培训、职业技能鉴定和考核、提出教育培训计划等工作	科长、科员	职工人数 500 人以下设 3 人；501 人～1 000 人设 5 人；1 001 人～1 500 人设 6 人；1 501 人以上设 7 人。其中设科长 1 人
三、生产机构				
1. 工队（车间）、所	3 个以上工区（班组）可设工队（车间）		队长（主任）、副队长（副主任）、技术员（兼事务员）	每个工队（车间）设队长（主任）、副队长（副主任）、技术员（兼事务员）各 1 人；党支部书记由工队（车间）队长（主任）兼

6.2　班组设置标准

班组设置要坚持有利于运输生产指挥，有利于科学管理；有利于生产组织能力的发挥；有利于满足生产资源管理；有利于劳动组织整合和修程修制改革需要的基本原则。按照工种、工序、班组人数、作业区域、管辖范围和工作量合理设置。

班组人员设置应在 10 人以上，专业性、技术性较强工种和独立作业岗位可不受 10 人限制。班组设置由各段（三级公司）参照以下条件并结合具体情况办理。

6.2.1　车务部门

三等及以上站:运转按班划分班组;调车组按每台专用调车机划分班组;货运按班划分班组;客运按站划分班组。

四、五等站每一个站为一个班组。

6.2.2　机务部门

运转:包乘制按每台机车划分为一个班组;轮乘制按机班设置班组,每个乘务班组管理15个左右机班。

检修:按作业性质、工艺流程或工种组建班组。

整备:按班次划分班组。

监控:按班次划分班组。

6.2.3　供电部门

电力工区按管辖线路设置班组(含就近的配电所)。

接触网按实际情况独立设置班组(含接触网检测)。

检修车间按工作性质、职能划分班组。

综合工厂(含轨道车)按班组设置。

6.2.4　工务部门

线路、桥梁(含道口)以工区视为班组。

综合机修车间可按工种划分班组,工种人数较少的合并成立班组。

探伤按管辖区域设置班组。

工务机械地面人员可按开槽、照明、防护、清筛、整细、巡检、汽车司机等工种内容及人数划分班组,人数少的进行整合设置班组。

机械车队后勤服务人员设置一个班组。

大型机械车队设置维修人员班组。

6.2.5　电务部门

信号维修以换算道岔组数为基础设置工区,并视为班组。

信号检修、电子设备按设备维护量结合设备分布状况按区域设置班组。

信号中修依据中修工作量划分班组。

通信检修按换算皮长公里和铁路线路公里数设置工区,并视为班组。

6.2.6　车辆部门

运用:区段列检所按作业班次划分班组。

主要列检所按班次分别设置到达、始发班组。

红外线维修、检测、ST 检测按每列检所设置一个班组。

段修(含段做厂修)、设备按工种、工序或班次设置班组。

站修视为班组设置。

7　管理权限

分(子)公司职能部室、直属机构及段(三级公司)机构设置由集团公司审批;段(三级公司)职能科室、生产车间设置由分(子)公司审批;班组设置由车间提出意见,段(三级公司)审批,并报分(子)公司备案。

8　组织机构设置说明

针对各分(子)公司基层单位生产布局设置形式不统一的实际情况,本标准制定了综合运输段、专业段两种机构设置和定员标准模式。经过一段时间的探索与研究,分析利弊,一切从有利于运输生产需要出发,适时进行生产布局调整,将其统一到综合运输段模式。

标准中"段领导职数、职能机构数、生产机构设置标准及管理人员定员"均为执行标准,是标准的最高限额,不得突破。

标准中职能机构名称、职责范围、各职能部门定员为指导标准,各单位结合各自情况可做适当调整,但部门领导职数和工作人员定员不得突破单位定员总数。

对于人数少而达不到设部(室)的单位,由各类专业人员组成"综合管理部",可设主任、副主任各一人。

本标准中的职工人数,系指本单位的生产人员定员人数。当年定员尚未下达时,可按上一年度的定员人数。

适用职名及定员标准中的定员人数已包含该部门的主任、副主任,不另增人,四人及以下的部(室)只设主任,不设副主任。

本标准使用"以下"和"以上"的含义定为"以上包括本身数,以下不包括本身数"。例如:500人以上包括500人,500人以下不包括500人。

对于机车交路长和管理跨度大的机务段(分公司),经集团批准可设机务分段或机务折返段,折返段虽然属车间建制,但仍然由运用车间领导。

为了及时迅速地应对抢修突发事故,最大限度地减少事故损失,救援列车为车间建制,有利于加强日常救援技能演练,提高事故救援速度及救援水平,为运输生产安全提供组织及人员保证。

综合运输段(分公司)是一个较大的联动机,有车务、工务、电务、供电四个专业,为保证运输秩序信息畅通,特设生产调度室。

9　段(三级公司)操作人员劳动定员标准

9.1　车务部门(运输段和车站)

9.1.1　编组站、区段站运转人员劳动定员标准

人员范围:从事运转生产岗位工作(不包括车站调车组人员)的从业人员。包括车站的

运转值班员、助理值班员、信号员(长)和从事扳道、车号、列尾等工作的人员。

编组站、区段站运转人员劳动定员标准形式与水平见表10。

表 10　编组站、区段站运转人员劳动定员标准形式与水平

标准形式	标准水平		备注
每人日均完成换算客货车数辆	目标线	370	通过列车按办理一次计算
	上线	352	
	下线	335	

9.1.2　中间站运转人员劳动定员标准

人员范围:从事中间站运转生产岗位工作(不包括车站调车组人员)的从业人员。包括中间站的运转值班员、助理值班员、信号员以及从事扳道、车号、列尾等工作的人员。

中间站运转人员劳动定员标准形式与水平见表11。

表 11　中间站运转人员劳动定员标准形式与水平

标准形式	标准水平		备注
每人日均完成换算列车次数次	目标线	18.2	1. CTC区段调度集控站列车通过不计算工作量
	上线	17.3	2. 到发列车各按一次计算
	下线	16.5	

9.1.3　编组站、区段站、中间站调车人员劳动定员标准

人员范围:编组站、区段站、中间站调车组的从业人员。包括调车长、连接员等。

编组站、区段站、中间站调车人员劳动定员标准形式与水平见表12。

表 12　编组站、区段站、中间站调车人员劳动定员标准形式与水平

标准形式	标准水平	
每人日均完成换算调车辆数辆	目标线	97.4
	上线	92.7
	下线	88.3

9.1.4　客运人员劳动定员标准

人员范围:从事客运、行包及客车上水生产岗位工作的从业人员。包括客运员和从事客运广播、售票、行李、进款、客车上水等工作的人员。

客运人员劳动定员标准形式与水平见表13。

表 13　客运人员劳动定员标准形式与水平

标准形式	标准水平	
每人日均完成换算始发旅客人数 人	目标线	100
	上线	95
	下线	90

9.1.5　货运人员劳动定员标准

人员范围:从事货运生产岗位的从业人员。包括货运员和从事货运计划、货运核算、货运检查、货票传递、货票交接、轨道衡超偏载仪操作、货场门卫、货场巡守工作的人员等。客、货兼做的人员按客、货各半分摊。

货运人员劳动定员标准形式与水平见表14。

表 14　货运人员劳动定员标准形式与水平

标准形式	标准水平	
每人日均完成换算货物量 t	目标线	1 760
	上线	1 680
	下线	1 600

9.1.6　其余生产人员劳动定员标准

人员范围:以上各生产组未包括的生产人员。包括汽车司机(生产用车)、充电、灯具、无线电话维修等。

标准形式与水平:按主要生产组人员数的 2.22% 配备。

9.2　机务部门

9.2.1　机车乘务人员劳动定员标准

人员范围:从事内燃、电力机车(包括备用机车及租用机车)乘务生产岗位工作的从业人员。包括内燃、电力机车司机、学习司机、指导司机。

机车乘务人员劳动定员标准形式与水平见表15。

表 15　机车乘务人员劳动定员标准形式与水平

标准形式	标准水平	
每人年均机车总走行公里 万公里/人	目标线	2.1
	上线	2.0
	下线	1.9
注:按照《关于进一步加强机务运用管理工作的指导意见》(铁机〔2011〕65号)文件,原则上按每25名机车乘务员配备1名指导司机。		

9.2.2 机车修理人员劳动定员标准

人员范围:从事机车修理的人员,包括机务段(折返段)从事内燃、电力机车大/中/小/辅修、轮对修理、加装改造、电力机车弓网及电器检测、配件生产及机械设备保养与修理、质量检查等全部人员。

机车修理(内燃、电力)人员劳动定员标准形式与水平见表16。

表 16　机车修理(内燃、电力)人员劳动定员标准形式与水平

标准形式	标准水平	
每人年均完成修竣机车换算走行公里 千机公里	目标线	188
	上线	179
	下线	170

9.2.3 机车整备人员劳动定员标准

人员范围:从事机车整备、轮乘制擦洗机车、机车上油等生产岗位工作的从业人员。包括机务段、折返段从事机车整备、转向、隔离开关监护、扳道、油脂发放保管、电力机车上沙、计量、油泵操作、油库消防巡守等工作的人员等。

机车整备人员劳动定员标准形式与水平见表17。

表 17　机车整备人员劳动定员标准形式与水平

标准形式	标准水平	
每人日均完成换算机车整备台数 台	目标线	1.65
	上线	1.58
	下线	1.5

9.2.4 其余生产人员劳动定员标准

人员范围:以上各生产组未包括的生产人员。包括从事生产用汽车、材料搬运、列车救援等人员。

标准形式与水平:按主要生产组人员数的9%配备。

9.3 工务部门

9.3.1 线路维修人员劳动定员标准

人员范围:从事线路维修、巡道、检查监控工作的从业人员。包括线路工、钢轨探伤工等。

线路维修人员劳动定员标准形式与水平见表18。

表 18   线路维修人员劳动定员标准形式与水平

标准形式	标准水平	
每换算线路公里年均维修人数 人	目标线	0.59 0.82(山区)
	上线	0.62 0.86(山区)
	下线	0.65 0.9(山区)

9.3.2   桥隧维修人员劳动定员标准

人员范围:从事桥隧维修、检查监控生产岗位工作的从业人员。包括桥隧工及从事隧道通风及照明工作的人员等。

桥隧维修人员劳动定员标准形式与水平见表19。

表 19   桥隧维修人员劳动定员标准形式与水平

标准形式	标准水平	
每换算桥隧百米年均维修人数 人	目标线	0.12
	上线	0.13
	下线	0.14

9.3.3   路基维修人员劳动定员标准

人员范围:从事路基维修生产岗位工作的从业人员。

路基维修人员劳动定员标准形式与水平见表20。

表 20   路基维修人员劳动定员标准形式与水平

标准形式	标准水平	
每换算路基公里年均维修人数 人	目标线	0.054
	上线	0.057
	下线	0.06

9.3.4   桥隧巡守、道口和塌方落石看守人员劳动定员标准

人员范围:从事桥隧巡守、道口看守、防洪看守、战备库看守生产岗位工作的从业人员。

桥隧巡守、道口和塌方落石看守人员劳动定员标准形式与水平见表21。

表 21　桥隧巡守、道口和塌方落石看守人员劳动定员标准形式与水平

标准形式	标准水平	
每换算有人巡看守处所年均看守人数 人	目标线	3.5
	上线	3.5
	下线	3.5

9.3.5　综合机修人员劳动定员标准

人员范围:从事钢轨焊接、道岔焊补、钢轨整修、机电设备、车辆、工具、配件修理、计量检修等生产岗位工作的从业人员。

综合机修人员劳动定员标准形式与水平见表22。

表 22　综合机修人员劳动定员标准形式与水平

标准形式	标准水平	
每换算线桥隧公里年均机修人数 人	目标线	0.018
	上线	0.019
	下线	0.02

9.3.6　其余生产人员劳动定员标准

人员范围:以上各生产组未包括的生产人员。包括汽车司机(生产用车)、轨道车司机、段材料库搬运工、材料工等。

标准形式与水平:按主要生产组人员数的6.5%配备。

9.4　供电部门(各供电段、牵引供电部门)

9.4.1　牵引供电、电力人员(网电合一)劳动定员标准

牵引供电、电力人员范围:从事牵引供电、电力设备修理、维护及抢修、运行值班等生产岗位工作的全部从业人员。

牵引供电、电力人员(网电合一)劳动定员标准形式与水平见表23。

表 23　牵引供电、电力人员(网电合一)劳动定员标准形式与水平

标准形式	标准水平	
每换算接触网公里年均维修人数 人	目标线	0.11
	上线	0.12
	下线	0.13

9.4.2　其余生产人员劳动定员标准

人员范围:以上各生产组未包括的生产人员。包括汽车司机(生产用车)、段材料库搬运

工、材料工、轨道车司机等。

标准形式与水平：按主要生产组人员数的5.0％配备。

9.5   工务机械部门

9.5.1   线路大修人员劳动定员标准

人员范围：从事线路、桥梁、路基、道口等大修生产岗位工作的从业人员。包括：线路工、钢轨焊接工、钢轨整修工、风动卸砟工、轨道车司机、养路机械的各种司机、副司机，施工现场的机修人员等。

线路大修人员劳动定员标准形式与水平见表24。

表 24   线路大修人员劳动定员标准形式与水平

标准形式	标准水平	
每换算线路大修公里年均人数 人	目标线	0.9
	上线	0.95
	下线	1

9.5.2   线路维修人员劳动定员标准

人员范围：从事线路维修生产岗位工作的从业人员。包括：线路工、钢轨探伤工、施工现场机修人员，养路机械的各种司机、副司机。

线路维修人员劳动定员标准形式与水平见表25。

表 25   线路维修人员劳动定员标准形式与水平

标准形式	标准水平	
每换算线路维修公里年均人数 人	目标线	0.018
	上线	0.019
	下线	0.02

9.5.3   综合机修人员劳动定员标准

人员范围：从事大型机械设备的周期性维护和故障维修工作的人员。包括钳工、电工、叉车司机等。

综合机修人员劳动定员标准形式与水平见表26。

表 26   综合机修人员劳动定员标准形式与水平

标准形式	标准水平	
每换算线、桥、隧修理公里年均机修人数 人	目标线	0.072
	上线	0.076
	下线	0.08

9.6　电务部门

9.6.1　信号维修人员劳动定员标准

人员范围：从事信号维修生产岗位工作的从业人员。

信号维修人员劳动定员标准形式与水平见表 27。

表 27　信号维修人员劳动定员标准形式与水平

标准形式	标准水平	
信号维修人员每人年均完成换算道岔组数 组	目标线	48
	上线	46
	下线	44

9.6.2　通信维修人员劳动定员标准

人员范围：从事通信维修生产岗位工作的从业人员。

通信维修人员劳动定员标准形式与水平见表 28。

表 28　通信维修人员劳动定员标准形式与水平

标准形式	标准水平	
通信维修人员每人年均完成换算道岔组数 组	目标线	113
	上线	108
	下线	103

9.6.3　其余生产人员劳动定员标准

人员范围：以上各生产组未包括的生产人员。包括汽车司机(生产用车)、段材料库搬运工、材料工等。

标准形式与水平：按主要生产组人员数的 6.0% 配备。

9.7　车辆部门

9.7.1　车辆修理人员劳动定员标准

人员范围：从事车辆修理等生产岗位工作的从业人员，包括从事车辆段修、厂修、站修、轮对修理、配件生产和配送、设备维护、段内调车等工作的人员。

车辆修理人员劳动定员标准形式与水平见表 29。

表 29　车辆修理人员劳动定员标准形式与水平

标准形式	标准水平	
每人年均完成换算段修车辆数 辆	目标线	30
	上线	28.5
	下线	27

9.7.2 列车检查人员劳动定员标准

人员范围:从事列车检查等生产岗位的从业人员,包括从事客货列检(含装卸修、爱车点)作业、动态监测作业、设备维护、供风等工作的人员。

列车检查人员劳动定员标准形式与水平见表30。

表 30　列车检查人员劳动定员标准形式与水平

标准形式	标准水平	
每人日均完成换算客货车列检作业辆数 辆	目标线	38.5
	上线	37
	下线	35

9.7.3 车辆站修人员劳动定员标准

人员范围:从事车辆站修等生产岗位工作的人员,包括从事站修设备维护及为站修服务的生产人员。

车辆站修人员劳动定员标准形式与水平见表31。

表 31　车辆站修人员劳动定员标准形式与水平

标准形式	标准水平	
每人年均完成换算站修车辆数 辆	目标线	30
	上线	29
	下线	28

9.7.4 闸瓦新造人员劳动定员标准

人员范围:从事车辆闸瓦配件新造的人员。

闸瓦新造人员劳动定员标准形式与水平见表32。

表 32　闸瓦新造人员劳动定员标准形式与水平

标准形式	标准水平	
每人年均完成换算闸瓦新造片数 片	目标线	13 333
	上线	8 333
	下线	5 000

9.7.5 其余生产人员劳动定员标准

人员范围:以上各生产组未包括的生产人员。包括汽车司机(生产用车)、材料库运搬、充电等。

标准形式与水平:按主要生产组人员数的 3.0% 配备。

10   新线劳动定员标准

10.1   核定依据

根据原铁道部铁劳卫〔2005〕63 号文件,自 2005 年以后新建线路,由于采用先进技术装备,改革传统的作业方式,打破专业岗位界限,实施新型组织管理方式。按照先进、科学、高效的原则实行新线、新制、新标准的改革。

10.2   核定原则

坚持先进、科学、合理的原则。

在满足运输生产需要的前提下,从严控制运输生产单位机构设置和人员。

生产岗位的设置要服从实际工作量、运输生产安全、技术装备、生产组和劳动组织改革的需要。

10.3   人员范围

针对集团公司铁路板块机构设置的具体情况,除机务、车辆、生活后勤服务外的车务、供电、工务、电务(含通信)各类人员均列入标准范围(含管理、工程技术人员)。机务、车辆人员标准执行既有线定员标准。

10.4   管理模式

实行公司-站区-班组(车站)管理模式,以劳动组织改革为突破口,撤销供电、工务、电务(通信)工队,其各专业生产管理由站区负责,实行值检、维护和维修分离的兼职并岗、一职多能的劳动组织改革。

10.5   定员标准

10.5.1   车务部门

10.5.1.1   站区

根据营业线路里程,可设置数个站区。每个站区设主任 1 人,党支部书记 1 人,副主任 4 人(车务、供电、工务、电务各 1 人)。工程技术(兼安全管理)人员 1 人,事务员 1 人。

10.5.1.2   车站

三等级以上车站每站设站长 1 人,副站长 1 人;四、五等站设站长 1 人。

10.5.1.3   运转人员

三等及以上站,每站设车站值班员、信号员、助理值班员每班各 1 人。四、五等站设值班员每班 1 人,信号台和值班员不在同一地点,设信号员每班 1 人,每班设站务员 1 人(站务员负责助理值班员、货运、调车等工作)。

10.5.1.4　调车人员

配有专用调车机的车站每台调车机设调车组,每班 2 人～3 人。其他车站实行专用调车机跨区域调车。

10.5.1.5　货运人员

三等及以上车站按日均办理到发货物吨数 1 600 t 设 1 人;四等及以下车站不设专职货运人员,由站务员兼任。

10.5.2　基础设备值检、维护和维修(工务、信号、电力、接触网)人员

10.5.2.1　基础设备值检、养护人员(包括线路、桥隧维修,接触网维修,信号、通信设备维护)

单线电气化区段每 100 营业公里配 115 人,其中工务 37 人(含线路巡道人员),电务 22 人(含通信人员),供电 56 人(含配电所值班人员);非电气化区段每 100 营业公里配 73 人,其中工务 35 人(含线路巡道人员),电务 22 人(含通信人员),供电 16 人(含配电所值班人员)。

复线电气化区段每 100 营业公里配 168 人,其中工务 53 人(含线路巡道人员),电务 33 人(含通信人员),供电 82 人(含配电所值班人员);非电气化区段每 100 营业公里配 108 人,其中工务 53 人(含线路巡道人员),电务 32 人(含通信人员),供电 23 人(含配电所值班人员)。

如果实行电气化远程控制,取消牵引变电所、分区亭值班人员和配电所值班人。

10.5.2.2　基础设备维修人员(包括线路、桥隧维修,接触网维修,信号、通信设备维护)

单线电气化区段每 100 营业公里配 68 人,其中工务 42 人(含线路巡道人员),供电 26 人(含配电所值班人员);非电气化区段每 100 营业公里配 42 人。

复线电气化区段每 100 营业公里配 99 人,其中工务 59 人(含线路巡道人员),供电 40 人(含配电所值班人员);非电气化区段每 100 营业公里配 59 人。

如实行电气远程控制,取消牵引变电所、分区亭值班人员和配电所值班人员,实行无人值守。

10.6　预备率

车站运转人员、调车人员、基础设备值检、养护人员预备率7%。

10.7　劳动班制

按每班工作时间标准核定。

附　录　A

（规范性附录）
工作量换算系数

A.1　机务专业工作量换算系数

机务专业工作量换算系数见表 A.1～表 A.3。

表 A.1　机车乘务人员工作量换算系数

序号	项目	计量单位	换算系数
1	年电力机车总走行公里	10 000 km	1.00
2	年内燃机车总走行公里	10 000 km	1.00

表 A.2　机车修理人员工作量换算系数

序号	项目	计量单位	换算系数
1	年电力机车修竣走行公里	1 000 km	1.00
2	年内燃机车修竣走行公里	1 000 km	1.00
3	电力机车修竣走行公里(厂修)	1 000 km	3.5

表 A.3　机车整备人员工作量换算系数

序号	项目	计量单位	换算系数	备注
1	日均电力机车换算出入库台数	台	1.00	双节机车按2台计算
2	日均内燃机车换算出入库台数	台	1.50	双节机车按2台计算

A.2　供电专业工作量换算系数

牵引供电专业工作量换算系数见表 A.4。

表 A.4　牵引供电人员工作量换算系数

序号	项目	计量单位	换算系数	备注
一	年换算接触网公里	km	—	
1	年换算接触网条公里	条公里	1.00	

表 A.4　牵引供电人员工作量换算系数（续）

序号	项目		计量单位	换算系数	备注
2	年换算电力线路公里		km	0.23	
3	年换算水道公里		km	0.46	
二	年换算接触网条公里		条公里	—	
1	正、站线接触网延展公里		km	1.00	含接触网支柱及基础
2	隧道内悬挂延展公里另增		km	0.30	含桥梁
3	附加导线延展公里（含接地极、吸上线）	直接回流	km	0.20	含供电线
3	附加导线延展公里（含接地极、吸上线）	AT 方式（AF、PW）	km	0.40	
3	附加导线延展公里（含接地极、吸上线）	AT 方式（双 AF、PW）	km	0.60	
4	限界门		处	0.15	
5	线岔	交叉	组	0.12	
5	线岔	无交叉	组	0.25	
6	隔离（负荷）开关（含所亭）	手动	台	0.12	
6	隔离（负荷）开关（含所亭）	电动	台	0.20	
6	隔离（负荷）开关（含所亭）	负荷	台	0.30	
7	绝缘器(含分段及器件式分相)		台	0.12	
8	避雷器		台	0.05	单台（接触网）
9	软（硬）横跨		组	0.13	
10	超级变		台	0.15	
11	接触网末端测试装置		套	0.05	
12	中心锚结		组	0.10	
13	锚段关节		组	0.25	
14	补偿装置（含下锚拉线）		组	0.10	上下两套为一组
15	关节式分相（含自动过分相装置）		台	0.45	
16	隔离开关远动控制系统		套	5.00	
17	牵引变电所		座	50.00	有人值班
18	开闭所		座	32.00	有人值班
19	分区亭（所）		座	32.00	有人值班
20	箱式分区所（箱式开关站）		个	15.00	
21	AT 所		个	5.00	巡视

表 A.4　牵引供电人员工作量换算系数（续）

序号	项目	计量单位	换算系数	备注
22	主牵引变压器	台	3.00	
23	110 kV 及以上断路器	台	1.00	
24	110 kV 及以上避雷器	台	0.20	
25	110 kV GIS 间隔	间隔	3.00	含断路器、隔离开关、电流互感器、电压互感器
26	27.5 kV 断路器	台	0.30	
27	55 kV 断路器	台	0.50	
28	互感器（含放点线圈、抗雷圈）	台	0.25	
29	55 kV/27.5 kV 避雷针	台	0.10	
30	55 kV/27.5 GIS 间隔	间隔	1.50	含断路器、隔离开关、电流互感器、电压互感器
31	55 kV/27.5 kV 电抗器	台	0.25	
32	55 kV/27.5 kV 电容器	组	0.40	每馈线为一组
33	27.5 kV/10 kV 自用变压器（所亭）	台	0.30	
34	低压盘（控制保护盘、RTU 盘、交直流盘、蓄电池盘、故标盘等）	面	0.20	
35	配电箱（低压配电箱、端子箱等）	面	0.10	
36	高压、低压、控制电缆	km	0.48	
37	避雷针	座	0.10	
38	接地装置	所	0.50	
39	远动调度端（含复示终端）	座	32.00	
40	视频监控系统	套	2.00	
41	自动消防系统	套	2.00	
42	综合自动化系统	套	3.00	每所一套
三	年换算电力线路公里	—	—	
1	高低压架空电力线路（不包括贯通自闭线路）	km	1.00	
2	高低压、控制电缆	km	0.48	
3	变压器	台	0.30	
4	投光灯塔	座	0.40	不含灯柱

表 A.4　牵引供电人员工作量换算系数（续）

序号	项目		计量单位	换算系数	备注
5	投光灯桥		米	0.04	
6	投光灯柱		个	0.10	含站场折臂灯和其他独立灯柱
7	自闭电力线及电力贯通线		km	1.20	含 3 kV·A 变压器
8	变压器台		座	0.20	
9	发配、变电所(厂)	10 kV 以上	处	50.00	有人值班
		10 kV 及以下	处	32.00	有人值班
10	高压开关柜		面	0.30	含环网柜
11	低压开关(电器)柜		面	0.20	含电器、微机、整流控制屏,集控台,电池屏,保护柜
12	高压断路器		台	0.40	含真空断路器、六氟化硫断路器、油断路器
13	电力自动控制设备		面	0.60	
14	电力远动机房及设备		套	32.00	
15	变配电所自动控制设备		处	1.00	
16	电度表		块	0.02	含所有计量表
17	箱式变电站		座	8.00	
18	无人配电室		座	8.00	
19	电缆分支箱		个	0.10	
20	低压开关箱		面	0.10	
21	通信铁塔		座	1.00	含电线路铁路
22	发电机组		台	2.00	
23	高压开关(含户内/外、负荷、隔离开关)		台	0.30	
24	跌落式熔断器		个	0.05	
25	户外高压互感器		台	0.05	含(电流、电压、线路、母线)互感器
26	避雷器		个	0.10	
27	户外照明灯具		盏	0.02	
28	接地装置		处	0.05	
29	电力电容器		台	0.05	高低压
30	EPS(UPS)直流电源		台	0.50	
31	消防自动灭火系统		套	2.00	

A.3 工务专业工作量换算系数

工务专业工作量换算系数见表 A.5～表 A.11。

表 A.5 线路维修人员工作量换算系数

序号	项目		计量单位	换算系数	备注
一	工务(桥工)段年换算线桥隧公里		—	—	计算工务(桥工)段全员、综合机修人员劳动生产率的工作量
1	年换算线路公里		km	1.00	
2	年换算桥隧百米		hm	1.00	
3	年换算路基公里	平原	km	0.10	地面相对高差在 50 m 以内,起伏不大的广阔地区
		丘陵	km	0.30	地面相对高差在 200 m 以内,起伏较大的地区
		山区	km	0.50	地面相对高差在 200 m 及以上的地区
4	年换算有人巡看守处所		处	3.50	
二	年换算线路公里		—	—	计算线路维修人员劳动生产率的工作量
1	正线(允许速度<120 km/h)		km	1.00	
2	正线(120 km/h≤允许速度<160 km/h)		km	1.30	
3	正线(160 km/h≤允许速度<200 km/h)		km	1.50	
4	正线(200 km/h≤允许速度<250 km/h)		km	2.00	既有线客货共用
5	正线(允许速度≥250 km/h)	有砟	km	0.55	仅运行客运列车
		无砟	km	0.32	仅运行客运列车
6	岔线(专用线路)		km	0.70	
7	站线		km	0.60	
8	段管线、特别用途线		km	0.40	
9	道岔(单开,允许速度<160 km/h)		组	0.20	
10	道岔(单开,160 km/h≤允许速度<200 km/h)		组	0.30	
11	道岔(单开,200 km/h≤允许速度<250 km/h)		组	0.40	既有线客货共用

表 A.5　线路维修人员工作量换算系数（续）

序号	项目		计量单位	换算系数	备注
12	道岔(单开,允许速度≥250 km/h)	有砟	组	0.21	
		无砟	组	0.37	
13	双开、三开道岔		组	0.30	
14	单式交分道岔		组	0.30	
15	复式交分道岔		组	0.40	
16	菱形道岔		组	0.10	
17	正线曲线另增(半径<350 m)		km	0.60	
18	正线曲线另增(350 m≤半径<650 m)		km	0.40	
19	正线曲线另增(650 m≤半径<800 m)		km	0.25	
20	正线坡道另增(6‰≤坡度<12‰)		km	0.08	
21	正线坡道另增(12‰≤坡度<20‰)		km	0.14	
22	正线坡道另增(坡度≥20‰以上)		km	0.20	
23	路基冻害(15 mm 及以上)		km	0.30	
24	路基热融下沉(年下沉 100 mm 以上)		km	0.30	
25	线路防护网		1 000 m²	0.10	
26	声屏障		1 000 m²	0.20	

表 A.6　桥隧维修人员工作量换算系数

序号	项目		计量单位	换算系数	备注
	年换算桥隧百米		—	—	计算桥隧维修人员劳动生产率的工作量
1	钢桥(含天桥)	跨度<40 m 的钢板梁(单孔)	hm	1.00	包括结合梁、箱型梁
		跨度≥40 m 的钢板梁(单孔)	hm	1.50	包括结合梁、箱型梁
		跨度<64 m 的钢桁梁(单孔)	hm	1.50	包括结合梁、箱型梁
		64 m≤跨度≤80 m 的钢桁梁(单孔)	hm	2.00	
		跨度>80 m 的钢桁梁(单孔)	hm	3.00	
2	圬工桥	圬工桥(含框构桥)	hm	0.30	包括跨线桥
		混合桥(公路、铁路两用桥公路部分)	hm	0.30	包括跨线桥
		站内灰坑、渡槽	hm	0.30	

表 A.6   桥隧维修人员工作量换算系数（续）

序号	项目	计量单位	换算系数	备注
3	隧道、明洞、棚洞(1 500 m 以下)	hm	0.40	含地道
4	隧道(1 500 m 及以上)	hm	0.50	
5	设有通风照明的隧道另增	hm	0.05	
6	设有整体道床的隧道另增	hm	0.10	
7	倒虹吸管	hm	0.20	
8	调节河流建筑物及桥涵上下游防护设备	100 m³	0.025	含吊沟
9	涵洞	hm	0.20	
10	公铁立交防抛网	100 m²	0.10	
11	公跨铁立交防护栏	hm	0.10	
12	铁跨公立交桥涵限高防护架(钢轨)	t	0.005	
13	铁跨公立交桥涵限高防护架(钢管或型钢)	t	0.01	
14	铁跨公立交桥涵限高防护架(钢筋混凝土)	hm	0.20	
15	立交桥左右引桥	1 000 m²	0.30	

表 A.7   路基维修人员工作量换算系数

序号	项目		计量单位	换算系数	备注
	年换算路基公里		—	—	计算路基维修人员劳动生产率的工作量
1	正线路基本体	单线铁路正线路基	km	1.00	
		非单线铁路并行地段每条线,正线路基	km	0.60	线间距大于单线设计路基面宽度时,为非并行地段
		非单线铁路非并行地段每条线,正线路基	km	1.00	
2	站线路基		km	0.10	按每条站线长度计
3	各种路基附属设备	浆砌片石或混凝土:支、护、挡(包括路基河调建筑物)设备圬工	1 000 m³	0.25	其他地区性病害(沙害、冻害、岩溶等)防护建筑物换算系数按铁运〔2008〕96 号规定,由铁路局制定,报铁道部核备后以报表制度公布执行
		干砌片石工程	1 000 m³	0.30	
		各种排水设备	km	0.10	

表 A.7　路基维修人员工作量换算系数（续）

序号	项目		计量单位	换算系数	备注
3	各种路基附属设备	边坡抹面、捶面、喷锚、锚索等	1 000 m²	0.30	
		砌石或硬化路肩	km	0.05	
		拦石网	100 m²	0.004	
		钢轨栅栏	t	0.005	
		保护区标桩（A、B桩）	百个	0.001	
		公铁并行防护栏（钢轨防牛栅栏）	km	0.04	

表 A.8　巡守、道口和塌方落石看守人员工作量换算系数

序号	项目		计量单位	换算系数	备注
	年换算有人巡、看守处所		—	—	计算巡、看守人员劳动生产率的工作量
1	有人看守道口	(1)股道≥2,铺面宽≥12 m,日均通过列车≥50 对	处	2.50	
		(2)满足第一项 2 个条件的道口	处	2.00	
		(3)满足第一项 1 个条件的道口	处	1.00	
		(4)其他道口(不包括监护道口)	处	0.75	
2	有人巡守桥隧	(1)500 m<钢桥全长≤1 000 m	处	1.00	含混合桥按钢梁长度
		(2)全长>1 000 m 的钢桥	处	2.00	含混合桥按钢梁长度
		(3)明桥面提速≥200 km/h	处	1.00	
		(4)全长>3 000 m 的隧道	处	2.00	
3	防洪看守	(1)常年看守点	处	1.00	
		(2)汛期看守点	处	0.60	
		(3)临时看守点	处	0.10	
4	战备库巡守		处	0.50	

表 A.9　综合机修人员工作量换算系数

序号	项目	计量单位	换算系数	备注
1	年换算线路公里	km	1.0	
2	年换算桥隧百米	hm	1.0	

表 A.9　综合机修人员工作量换算系数（续）

序号	项目		计量单位	换算系数	备注
3	年换算路基公里	平原	km	0.1	
		丘陵	km	0.3	
		山区	km	0.5	
4	年换算有人巡看守处所		处	3.5	

表 A.10　电务专业工作量换算系数

序号	项目	计量单位	换算系数	备注
一	电务段、通信段年换算道岔组数			计算电务段、通信段全员劳动生产率的工作量
1	年信号换算道岔组数	组	1.00	计算信号维修人员劳动生产率的工作量
2	年通信换算道岔组数	皮长公里	0.48	计算通信维修人员劳动生产率的工作量
3	日均机上收发报换算道岔组数	皮长公里	0.48	计算电报人员劳动生产率的工作量
4	日均长途记录查号通话换算道岔组数	皮长公里	0.48	计算电话人员劳动生产率的工作量
二	年信号换算道岔组数			
1	大站电器集中联锁道岔(含脱轨器、驼峰、编尾道岔)	组	1.00	
2	复线小站电气集中联锁道岔(含脱轨器)	组	1.20	
3	单线小站电气集中联锁道岔(含脱轨器)	组	1.50	包括简易驼峰道岔
4	色灯电锁器道岔(有轨道电路、含脱轨器)	组	1.00	
5	色灯电锁器道岔(无轨道电路、含脱轨器)	组	0.88	
6	臂板电锁器道岔(有轨道电路、含脱轨器)	组	1.20	
7	臂板电锁器道岔(无轨道电路、含脱轨器)	组	1.00	包括联锁箱联锁道岔、钥匙联锁道岔、区间道岔
8	无联锁道岔(含脱轨器)	组	0.13	包括无岔线路所
9	三显示自动闭塞	km	0.42	

表 A.10　电务专业工作量换算系数（续）

序号	项目		计量单位	换算系数	备注
10	四显示自动闭塞		km	0.84	
11	半自动闭塞		台	0.25	包括路牌闭塞、路签闭塞设备
12	计轴设备		台	0.75	
13	信号机械室		处	2.20	15 组以下信号机械室和室外工区
			处	4.40	15 组～25 组
			处	8.80	26 组～35 组
			处	13.20	36 组～50 组
			处	15.40	51 组以上
14	自动道口信号		处	1.70	包括隧道、桥梁、塌方信号
15	机车信号	除 JT-1B、JT-C、JZT 外其他机车信号	台	1.50	按机车走行区段长度折算
		JT-1B、JT-C、JZT 型机车信号	台	3.00	
		一体化机车信号分析系统地面设备	套	4.40	
		一体化机车信号分析系统车载设备	套	0.50	
		测试点（含动车检测所）	处	90.00	
		调车监控地面设备	站	13.20	
		调车监控车载设备	套	3.00	
16	列车运行监控记录装置（LKJ）	LKJ 车载设备	套	12.00	监控装置主机、显示器、速度传感器、压力传感器、平面调车接口盒、屏幕显示器接线盒及开关、GPS-2000 装置（含 GPS 天线）、总线扩展盒、机车鸣笛记录接口装置
		TAX 设备	套	3.00	含 TAX 通信平台（含机箱、电源单元和通信记录单元）、语音录音单元、机车信号通信板、TDCS 单元
		机车车号自动识别系统	套	1.00	含车载编程器（即 TMIS 单元，装在 TAX 箱中）、电子标签

表 A.10　电务专业工作量换算系数（续）

序号	项目		计量单位	换算系数	备注
16	列车运行监控记录装置(LKJ)	无线车载传输设备	套	0.50	
		LKJ 分析系统地面设备	套	4.40	
		测试点	处	90.00	
17	列车运行控制系统	列控中心	站	8.80	
		地面电子单元	个	0.75	
		无源应答器	个	0.75	
		有源应答器	个	1.00	
		列控车载设备检测系统地面设备	套	8.80	
		列控车载设备	套	12.00	含安全计算机双套、轨道信息接收单元双套、应答器信息接收单元、人机界面、速度传感器、天线、接线盒等设备
		列控车载设备检测系统车载设备	套	1.50	
		临时限速服务器	台	8.80	
		无线闭塞中心	台	8.80	
18	半自动驼峰(雷达测速器)		处	3.00	
19	自动驼峰(雷达测速器)		处	5.40	
20	驼峰缓行器		组	9.00	
21	驼峰停车器		组	4.50	
22	驼峰机车遥控设备	车载设备	组	0.50	
		地面设备	组	0.50	
23	计算机联锁系统设备	上位机	台	4.40	
		联锁机	台	4.40	
		终端机	台	4.40	
		维修机	台	4.40	
		其他	台	0.20	包括路由器、传感器、调制解调器、UPS、其他等微机联锁设备

表 A.10   电务专业工作量换算系数（续）

序号	项目		计量单位	换算系数	备注
24	信号集中监测系统	服务器	台	4.40	
		路由器	台	4.40	
		交换机	台	4.40	
		协议转换器	台	0.20	
		不间断电源	台	2.00	
		微机监测终端	台	2.20	包括车间设备
		打印机	台	0.50	包括车间设备
		防火墙	台	4.40	
		磁盘阵列	套	4.40	
		监测机	台	4.40	
		监视机	台	4.40	
		采集机	台	0.75	
		站机	台	4.40	
		车间机	台	4.40	
		其他	台	0.20	
25	列车调度指挥系统（TDCS）/调度集中系统（CTC）路局中心设备	服务器	台	4.40	
		交换机	台	4.40	
		路由器	台	4.40	
		防火墙	台	4.40	
		磁盘阵列	套	4.40	
		工作站	台	4.40	
		TDCS 终端	台	2.20	
		投影机	台	2.20	
		投影控制器	台	4.40	
		投影屏幕	屏	4.40	
		协议转换器	台	0.20	
		打印机	台	0.20	
		绘图仪	台	0.50	
		电源屏	面	2.00	
		不间断电源	台	2.00	
		授时仪	台	0.20	
		其他	台	0.20	包括通信质量监督，电源、通信防雷等

表 A.10　电务专业工作量换算系数（续）

序号	项目		计量单位	换算系数	备注
26	列车调度指挥系统（TDCS）/调度集中系统（CTC）车站设备	TDCS 分机	站	8.80	
		车站值班员终端（TDCS）	台	2.20	包括机务段、车站派班室的远程终端
		CTC 自律机	站	8.80	
		车务终端（CTC）	台	2.20	
		路由器	台	1.00	
		电务维修终端	台	2.20	
		综合维修终端	台	2.20	
		电务段网管终端	台	8.80	
		协议转换器	台	0.20	
		打印机	台	0.50	
		不间断电源	台	0.20	
		交换机	台	0.20	
		防火墙	台	0.20	
		其他	台	0.20	包括通信质量监督，电源、通道防雷、无线调度命令上传、车次号校核，GSMR 通信接口协议转换器等
27	增强型列车控制系统（ITCS）	车载设备	套	12.00	含车载计算机、综合天线、专用列尾控制盒、车载无线接收设备、速度传感器、压力传感器、人机界面等
		中心路由器	台	4.40	
		中心消息转发器	台	4.40	
		车站安全逻辑控制器 VHLC	台	4.40	
		车站无线闭塞控制器 RBC	台	4.40	
		道岔控制器 HSC	套	0.20	含道岔控制继电器
		车站路由器	站	1.00	含车站路由器、车站转发器、ADM 转换器、车站差分设备、不间断电源
		发车测试服务器 DTS	套	4.40	
		ITCS 系统维护终端 MMT	套	2.20	
		ITCS 系统状态轮巡设备 POLL	套	4.40	
		车站网管	套	8.80	

表 A.10　电务专业工作量换算系数（续）

序号	项目		计量单位	换算系数	备注
28	道岔融雪系统	道岔融雪装置	组	0.50	
		道岔融雪控制机	台	2.20	
		道岔融雪服务器	台	4.40	
		道岔融雪监控机	台	2.20	
		道岔融雪本地操纵台	台	1.00	
		道岔融雪电气柜	面	0.50	
29	各种单元继电器、变压器、防雷单元和其他设备		百台	0.55	包括各种继电器、变压器、防雷单元和其他设备
30	各类转辙设备、臂板信号机修配		组	0.20	包括有机械修配工作量的各类转辙机、脱轨器、锁闭装置、道岔握柄、导线装置、导管装置等设备
31	大型设备检修		组	0.40	包括控制台、电源屏、稳压器、整流器、变频器、逆变器、蓄电池组、电化区段阻抗连接器、扼流变压器等
32	性能测试		组	0.04	包括需要进行电气性能测试或机械性能测试的信号设备
33	区间信号电缆		km	0.48	
34	车站综合防雷系统		站	2.00	25组以上(含25组)
35	车站综合防雷系统		站	1.00	25组以下
36	智能电源屏		面	2.00	
37	电务试验车		辆	60.00	

表 A.11　通信维修人员工作量换算系数

序号	项目		计量单位	换算系数	备注
一	年通信换算皮长公里		皮长公里		
1	线路漏缆及配套设施	地下电缆、光缆(直埋地区低频电缆、长途电缆、同轴电缆、光缆、管道)	皮长公里	1.0	含充气设备,气压监测、巡线监测、线路绝缘监测前端采集设备
		架空通信电缆及漏泄同轴电缆(架空地区低频电缆、架空长途电缆、架空同轴电缆、架空光缆)	皮长公里	1.56	含充气设备

表 A.11　通信维修人员工作量换算系数（续）

序号	项目		计量单位	换算系数	备注
1	线路漏缆及配套设施	架空电线路	亘长公里	1.41	含电杆
		海底（水下）光缆	皮长公里	10.0	
		光纤监测、漏缆监测前端设备	处	2.0	含各传感器
		VDF、总配线架、电缆分线盒、电缆交接箱、电缆配线箱	千回线	1.25	
		DDF	端子	0.02	
		ODF、光缆终端盒	芯	0.025	
		EDF 架	端口	0.01	
		数据网集装架、光电综合柜	架	1.25	
		引入试验架	架	0.88	
2	模拟传输设备	三路载波机	端	2.08	
		十二路载波机	端	5.16	
		三路增音机	台	0.86	
		十二路增音机、明缆增音机	台	1.32	
		无人增音机	台	0.69	
		联络电话总机	台	1.16	指载波室专用电话总机
3	数字传输及同步设备	SDH 复用设备（155 Mb/s）、DXC 交叉连接设备	端	5.16	独立成架的设备
		SDH 复用设备（2.5 Gb/s）、SDH（10 Gb/s）终端、中继、分插复用设备	折合每622 Mb/s容量	5.16	独立成架的设备
		波分系统 OTM、OADM、OLA	波	5.16	按实际配置容量统计
		PDH 光端机、多业务接入设备、数字同步系统节点时钟设备、时钟同步系统卫星接收设备、时间同步节点设备 PCM 端机（一次群）、PCM 复接设备（2～4 次群）、PCM 无人中继器、光缆无人中继器	端	5.16	

表 A.11 通信维修人员工作量换算系数（续）

序号	项目		计量单位	换算系数	备注
4	会议	音频会议总机	台	6.30	含值机时间
		音频会议汇接机	台	6.30	
		会议电话分机高音电话	台	0.15	
		音频会议电话汇接架（以20回线为准）	架	2.64	不包括会议电话汇接器
		音频会议系统调音台	台	2.75	
		扩音设备	套	2.75	
		电视会议 MCU	每2M端口	1.00	
		电视会议终端设备	套	10.00	含42英寸以下视频显示器
		电视会议显示设备	台	10.00	42英寸及以上
		桌面会议系统设备	套	2.64	
5	综合视频及像传输	电视及图像传输系统	处	10.00	1. 每一处图像转接器按一处计算 2. 每处含摄像机、录像机、图像转接器、电视监视机等
		综合视频监控大屏幕显示设备	m²	1.00	
		视频编码器	路	1.00	
		视频解码器	台	1.00	
		普通摄像机	台	2.00	含云台、缆线
		激光摄像机	台	4.00	含云台、缆线
		热像仪	台	6.00	含云台、缆线
		视频光端机	对	2.00	
6	应急通信	应急通信现场设备（具有动图、静图、语音、数据功能）	套	10.00	
		应急通信现场设备（具有静图、语音功能）	套	5.16	
		应急通信现场设备（只具有语音功能）	套	2.00	
		应急通信中心设备	套	18.33	含静图、动图、话音等设备
		应急通信监视终端	台	2.00	

表 A.11　通信维修人员工作量换算系数（续）

序号		项目	计量单位	换算系数	备注
7	数据设备	路由器、路由反射器	每 16 G 交换容量	5.16	
		防火墙、入侵检测设备、入侵防御设备、流量检测设备	台	9.17	
		调制解调器、ADSL、HDSL、协议转换器、网桥	台	0.37	
		MODEM 池、协议转换器池、DSLAM	8 端口	1.00	
		分组交换节点机	台	5.16	
		三层交换机、网关、网守	台	9.17	
		二层交换机	每 48 端口	5.16	
		DNS、Radius	百用户	3.45	
8	交换及接入	各种长途电话交换终端机设备、远程接续机、集线器	回线	0.15	
		程控自动电话交换机、程控交换机远端模块、接入网设备 OLT、接入网设备 ONU	百门	3.45	
9	铁路数字移动通信系统（GSM-R）	核心网设备 MSC、HLR、智能网 SCP、GPRS 业务节点 SGSN 设备	百用户	3.45	
		TRAU	台	3.45	
		BSC/PCU	8 载频	3.45	
		GROS、GRIS、GGSN、AC、AN 设备	台	9.17	
		基站	载频	5.16	
		手持终端	台	2.00	
		基站天馈系统	套	1.00	含天馈线
		SIM 卡	百张	2.00	含读写卡器

表 A.11　通信维修人员工作量换算系数（续）

序号	项目		计量单位	换算系数	备注
10	调度站场设备	数字调度调度所交换机、数字调度车交换机	百门	3.45	
		非触摸屏式调度通信操作台、车站值班员	台	2.00	
		触摸屏式调度通信操作台、车站值班台	台	5.10	
		自动、共电、磁石及携带电话分机	百门	7.70	
		音频调度总机	台	5.10	含电源箱、选叫箱
		音频调度总机汇接设备	台	1.25	
		音频养路(各站)总机、共线自动主控机	台	1.16	含电源箱
		音频调度、各站分机	台	0.14	
		调度双向增音机	台	1.32	
		集中电话机、区间转接机	台	0.48	每台以 10 门为准
		区间通话柱(不含电缆)	个	0.48	
		铃流发生器、信号转换设备	台	0.48	
		车站通信设备综合柜、电化引入柜	台	0.20	
		通信记录仪	路	0.48	
11	电报	电报自动交换机(20 回线)	台	1.18	
		传真电报机、复印机、微型计算机、智能终端、电报终端机	台	2.00	
12	广播	列车广播	组	4.50	每列车一组、含广播机、放音设备
		列车电话	组	2.25	每列车一组
		站场广播设备	分路	2.75	含扬声器、通话柱
		客站广播系统	分路	2.75	含广播机、电缆
		站场录放音设备、扩音转接机、声控记录器	组	1.38	

表 A.11　通信维修人员工作量换算系数（续）

序号	项目		计量单位	换算系数	备注
13	无线设备	无线列调、站调机车电台	台	1.20	含天线控制盒
		机车综合无线通信设备（CIR）	信道模块	1.20	
		列车防护报警电台	台	1.20	
		调度命令传送机车装置	台	1.20	含打印机、显示器
		无线列调、站调地面电台	台	0.99	含天线、有无线转接设备
		调度命令车站转接器、道口无线预警设备	台	0.99	
		车站数据接收解码器	台	0.99	含接收机和解码器
		无线列调、站调携带电台、机车数据采集编码器、列尾机车控制盒	台	0.37	
		无线列调调度总机	台	3.21	
		短波电台、各种通信保密机、特种通信机、隧道中继器	台	2.00	短波电台以 100 W 为准，功率大于 100 W 者按两台计算，功率小于 100 W 者按半台计算（只统计短波电台，附属不计算皮长）
		光纤直放站近端机、光纤直放站远端机	台	2.00	
		区间各种中继设备	台	2.00	
		集群基站设备	载频	5.16	
		集群便携台	台	2.00	
		卫星地面接收站	端	5.16	
		卫星调制器、卫星解码器、卫星接收机、卫星天线、卫星制转器、卫星放大器	台	2.00	
		海事卫星终端	台	2.00	
		海事卫星电话	台	1.00	
		铁塔（20 m 及以下）	座	4.00	
		铁塔（20 m～40 m）	座	6.00	含 40 m
		铁塔（40 m～60 m）	座	10.00	含 60 m
		铁塔（60 m 以上）	座	20.00	

表 A.11　通信维修人员工作量换算系数（续）

序号		项目	计量单位	换算系数	备注
14	电源设备	整流器、逆变器	台	1.01	
		蓄电池组 24 V,容量:＜600 AH	组	2.10	含通风装置
		蓄电池组 24 V,容量:600 AH≤容量≤1 800 AH	组	3.78	含通风装置
		蓄电池组 24 V,容量:≥1 800 AH	组	5.04	含通风装置
		蓄电池组 60 V,容量:＜600 AH	组	5.25	含通风装置
		蓄电池组 60 V,容量:600 AH≤容量≤1 800 AH	组	9.45	含通风装置
		蓄电池组 60 V,容量:≥1 800 AH	组	12.60	含通风装置
		内燃发电机 24 kV·A 以下	台	6.36	含值机人员
		内燃发电机 24 kV·A 以上(含 24 kV·A)	台	9.54	含值机人员
		交直流配电盘、两路电源转换设备	面	1.01	
		100 A 以下高频开关电源	台	4.17	不含蓄电池
		100 A 以上(含 100 A)高频开关电源	台	6.36	不含蓄电池
		UPS(≤10 kV·A)	组	4.17	含蓄电池
		UPS(＞10 kV·A)	组	6.36	含蓄电池
		48 V 蓄电池组(≤100 AH)	组	2.10	
		48 V 蓄电池组(＞100 AH)	组	5.04	
15	网管	网管服务器、GSM-R 接口监测系统服务器	台	18.33	含采集设备
		各类网管终端(PC 机)、复示终端、便携终端	台	2.00	
		PC 服务器	台	9.17	
16	其他	磁盘阵列	块	1.00	每块磁盘
		服务器	台	9.17	
		地理信息库系统终端采集设备、动环数据采集器	台	2.00	

表 A.11　通信维修人员工作量换算系数（续）

序号	项目		计量单位	换算系数	备注
16	其他	动环探头（温度、湿度、烟雾、门禁等分别计划	个	0.01	
		箱式机房	处	5.10	机房维护、含空调
		母钟设备	端	5.16	塔钟
		时间显示设备	端	5.16	
		电气子钟	每百个	7.90	含母钟及中继器
		车站信息显示屏	m²	1.00	
		空调	台	2.00	
		车站防雷单元	个	0.10	
		车站综合防雷接地装置	站	1.00	
		长途、记录、问询台	座席	0.91	
		网管中心	每网元	0.50	
		会议值机	h	0.80	按日均会议小时计
		无线列调检修点	台次	0.80	按机车入库日均检测台次计
		通信检修所基本定员	皮长公里	0.09	
二	日均长途记录查号通话次数		次	0.46	
1	日均长途记录通话实际次数		次	1.00	
2	日均查号通话实际次数		次	0.20	

A.4　车辆专业工作量换算系数

车辆专业工作量换算系数见表 A.12、表 A.13。

表 A.12　车辆修理人员工作量换算系数

序号	项目	计量单位	换算系数	备注
	年货车段修	—	—	
1	一般敞车（不含 C80、C76、C63 型）	辆	1.000	
2	C80、C76 型	辆	2.000	
3	C63、X1K 型	辆	1.500	

表 A.12　车辆修理人员工作量换算系数（续）

序号	项目	计量单位	换算系数	备注
4	过期车另加	辆	0.200	
5	破损车另加	辆	0.109	破损车按部定标准确定
6	报废车解体	辆	0.700	
7	货车段做厂修（C80、C76）	辆	8.000	
8	货车段做厂修（不含 C80、C76）	辆	4.000	
9	轮对厂修（货车轮对新组装）	对	0.154	
10	轮对厂修（货车轮对换件修）	对	0.175	
11	站修	辆	0.327	
12	货车辅修	辆	1.000	
13	非提速货车临修	辆	0.923	
14	提速货车临修	辆	0.495	

表 A.13　列车检查人员工作量换算系数

序号	项目	换算系数	备注
	日均换算客货车列检作业辆数	—	
1	日均货车到达、始发、中转列检作业量	1.000	
2	日均货车通过列检作业量	0.600	
3	日均货车动态监测设备值守	0.100	
4	日均 TFDS（货车动态监测设备）维修	7.311	按室外机台数计算
5	日均 TPDS（货车动态监测设备）维修	7.311	按室外机台数计算
6	日均 TADS（货车动态监测设备）维修	7.311	按室外机台数计算
7	日均 THDS（货车动态监测设备）维修	7.311	按室外机台数计算
8	日均 AEI（车号自动识别系统地面设备）维修	4.431	按室外机台数计算

附 录 B

（规范性附录）

使 用 说 明

本本《标准》是在集团公司铁路运输企业现有线路、技术装备水平和机构设置及劳动组织方式基础上，通过对各铁路公司的机构设置、专业特点、劳动生产率水平等情况进行反复调查的基础上，对技术装备、运量、生产布局、人员配备、人员素质等诸多因素进行分析研讨，吸取国家铁路集团公司几十年在定员标准中的管理经验，综合分析经多次征求意见反复修改后编制而成的。

B.1 概述

本劳动定员标准涵盖了铁路运输业的全部从业人员。其中，管理层下设的职能机构和生产机构，本着精干高效的原则，对原机构设置进行了优化，对业务相近的职能机构进行了合并。铁路运输业是个大的联动机，专业复杂，缺一不可，且工作内容繁多，工种繁杂。针对这一特点，操作人员定员标准在专业分类的基础上，又按生产类型的不同划分为生产组，以此作为设置的标准。因此，本标准完全符合铁路运输业的行业特点，是可行的。

B.2 "标准"的适用

本标准适用于铁路板块各分子公司的定员管理，按照集团公司的管理层次，自上而下作为核定各单位劳动定员的依据，也是各单位编制劳动力和劳动工资计划的依据。

B.3 "标准"的劳动定员范围

本标准劳动定员范围包括管理人员、技术人员和操作人员，基本涵盖了从事铁路运输的全部人员。

B.4 "标准"的表现形式

本标准制定了管理人员定员标准 105 项，操作人员定员标准六大类 29 项。各段（三级公司）职能机构的设立和管理人员定员标准是根据单位人员数量及管理跨度制定的；操作人员按劳动效率设置标准；其余生产人员按占生产人员的比例设置的标准。上述几种表现形式基本符合铁路板块定员标准的特点，既便于操作又有利于集团对公司宏观管理和劳动效率的考核，同时符合公司与公司间、集团与同行业之间对标的需要。

操作人员的定员标准是按劳动效率为基础计算的，其中已包含预备人员。

B.5　"标准"的工作量换算系数

劳动定员标准项目采用工作量换算系数的方法,对工作内容及工作量进行了科学的分类,依据各种设备(工作量)检修的难易程度制定了换算系数,体现了系统性、专业性、规范性、实用性。

工作量换算系数的使用,按照原铁道部《铁路运输单位劳动生产率统计规则》(铁统计〔2011〕148 号)执行。新设备及工作量换算系数在铁路集团公司(原铁道部)没有新规定之前,由集团公司组织研究后另行公布。

B.6　"标准"的水平

劳动定员标准水平以铁路运输业 2016、2018 年度实际完成工作量和年度平均人数为测算依据(含委外人员及完成的工作量),选取各公司最高水平、较高效率值、平均效率值和较低效率值综合分析确定标准水平的基点,同时充分考虑了近年来新工艺、新技术、新设备的使用,生产布局调整,每年运量的递增量,修程修制改革和劳动组织改革等有利因素,力求定员标准水平先进合理。

标准形式与水平的设计分为一标三线(即下线、上线、目标线),下线、上线、目标线标准之间为预留的发展区间。下线为标准公布后的执行标准,上线为发展标准,目标线为奋斗标准,其水平各有不同程度的提高。

B.7　"标准"对上岗人员的素质要求

由于"标准"的岗位设置较为综合精干,因此要求所有上岗人员具有较高的专业素质和技术技能水平,在实施本标准时,必须加大员工队伍的培训力度,提高职工的业务技术素质和技能水平。

各类人员的构成按照集团公司规定的比例分为合同、劳务、委外三种用工形式。行车主要工种及主要岗位使用合同制人员。

B.8　"标准"的管理和使用

随着铁路运输新技术、新装备的投入使用,生产布局调整、劳动组织改革的不断深化和员工素质不断提高,劳动生产率也将随之提高,因此,劳动定员标准必须实行动态管理,进行阶段性修订。

集团公司制定的劳动定员标准是宏观性标准,各公司可根据实际需要制定本公司的劳动定员标准,但定员标准水平不得低于集团公司的标准。

在定员核定中,应根据工种的劳动技能、劳动责任、劳动强度、劳动环境等要素合理确定合同工、劳务工、委外用工范围和比例,逐步压缩薪酬支出,提高经济效益。

在定员核定过程中,对于装车条件、作业难度、线路设备、地域条件等客观因素较为特殊的,应予酌情考虑。各单位在集团公布的总定员内,要按照定员标准和运输生产的实际情况对各生产组人员进行合理调整。

各单位要加快生产布局调整和劳动组织改革,压缩非生产人员,按定员定额组织生产和分配,多方面调动职工的生产积极性,为尽快达到上线、目标线标准创造条件。

各站区(车间)人数超过 200 人的可设一名专职党支部书记和一名党务干事。

段(三级单位)总人数超过 3 000 人的,各职能部室管理人员职数在原 2 000 人以上的基础上增加 20%,总人数超过 5 000 人的,各职能部室管理人员职数在原 2 000 人以上的基础上增加 25%。

附　录　C
（资料性附录）
工　作　时　间

C.1　主要内容与适用范围

本标准规定了各种劳动班制的工作时间标准。

本标准适用于各公司、分公司的工时管理。

C.2　每班工作时间标准

每班工作时间标准见表 C.1。

表 C.1　每班工作时间标准表

序号	班制	单位	每班工作时间	备注
1	日勤制	h	8	
2	12 h 四班制	h	11.3	
3	12 h 三班半制	h	9.89	
4	12 h 三班制	h	8.47	
5	24 h 两班半制	h	14.1	
6	24 h 两班制	h	11.3	
7	特勤制	h	8	每日

ICS 03.100.30

R 02

国家能源投资集团有限责任公司企业标准

Q/GN 0014—2020

港口码头劳动定员

Personnel Quota for Port Terminal

2020-06-03 发布   2020-07-01 实施

国家能源投资集团有限责任公司   发 布

目　次

前　言

本标准按照 GB/T 1.1—2009 的规则起草。

本标准由国家能源投资集团有限责任公司组织人事部提出并解释。

本标准由国家能源投资集团有限责任公司科技部归口。

本标准起草单位:国家能源投资集团有限责任公司组织人事部、黄骅港务、天津码头、珠海码头。

本标准主要起草人:陈祖武、孙振军、伊超、刘盈、左臣刚、李思、苏剑秋、戈彦棠。

本标准首次发布。

本标准在执行过程中的意见或建议反馈至国家能源投资集团有限责任公司组织人事部。

引　言

推行港口码头劳动定员标准化工作,不但使企业获得最佳的生产秩序以及经济效益和社会效益,还能够:

——对标一流,创建一流,持续优化,动态管理。积极与国内外一流企业对标,寻找差距,持续改进,不断提升,实现动态管理。突出前瞻性,兼顾开放性,符合集团公司发展战略。

——精干高效、效率优先。通过管理机制创新和流程优化,合理调整劳动组织结构,压缩管理层级,提高劳动效率。

——科学性、先进性、可操作性相结合。创新工作思路,运用新办法和新举措,切实解决当前管理工作中遇到的新情况、新问题。

——典型引领,以点带面、循序渐进、协调发展。选取典型企业和项目,做好典型研究,通过以点带面、循序渐进的方式分类完善标准。

港口码头劳动定员

1　范围

本标准规定了码头(港口)的机构设置、专业分类、管理定编和岗位定员等基本内容。

本标准适用于国家能源投资集团有限责任公司内部码头(港口)企业的机构编制与劳动定员管理。

2　规范性引用文件

下列文件对于本文件的应用是必不可少的。凡是注日期的引用文件,仅所注日期的版本适用于本标准。凡是不注日期的引用文件,其最新版本(包括所有的修改单)适用于本标准。

中华人民共和国职业分类大典(2015 版,国家职业分类大典修订工作委员会)

国家职业资格目录清单(2017 版,人力资源和社会保障部)

JT/T 331.3—2006　港口码头劳动定员　第 3 部分:煤炭码头

国家能源投资集团有限责任公司劳动用工管理暂行规定(2018 版)

国家能源投资集团有限责任公司领导人员管理暂行规定(2018 版)

3　名词、术语释义

下列术语和定义适用于本标准。

3.1

吞吐量　throughput

吞吐量是指经由水运运进、运出港区范围,并经过装卸的货物数量。

自本港装船运出港口的货物,计算一次出口吞吐量;由水运运进港口经装卸又从水运运出港口(包括船-岸-船,船-船)的转口货物,分别按进口和出口各计算一次吞吐量。

3.2

作业模式　operation mode

考虑装卸设备自动化程度、技术水平、人员素质状况等因素,将作业模式分为 A、B、C 三类。

a)　A 类作业模式:传统作业模式,即在设备上操作和控制来完成装卸的作业模式。

b)　B 类作业模式:经技术升级改造、流程优化和人员素质提升,翻车机、堆料机、取料机实现远程集中控制,装船机远程操作的作业模式。

c)　C 类作业模式:经持续的技术研发创新、流程优化和人员素质提升,翻车机、堆料机、取料机、装船机实现全流程集中控制的作业模式。

4 组织机构

4.1 部门设置

4.1.1 以国家能源投资集团有限责任公司下属二级单位,设计吞吐量 3 500 万 t/a 的专业化码头企业为标准模型,扁平化设置所属部门。部门分为三类,即职能部门、直属机构及生产单位。

  a) 职能部门:综合管理部、党建工作部(党委办公室)、纪委办公室、组织人事部(人力资源部)、企业管理部、财务部、规划发展部、安全环保部。

  b) 直属机构:设备部(技术中心)、信息中心、工程部、采购和物资管理部、后勤部。

  c) 生产单位:生产运行部、生产业务部、生产保障部。

4.1.2 根据国家行业政策及企业规模,部门编制可进行调整,如独立设置环境保护部、审计部等。

4.1.3 根据新建装卸设备设施情况,生产单位可平行增加,如将生产运行部调整为生产运行一部、生产运行二部等。

4.1.4 生产单位内设专业科室(技术设备、安全环保)和运行班组,不设立职能管理科室,如人事科、财务科等。

4.1.5 如码头(港口)企业受客观条件影响,需独立为进出港货轮提供拖轮港作服务、独立维护运行航道,可增设相应机构进行专业化管理,如新增船务管理中心、航道管理部或成立航道疏浚企业(三级单位)等。

4.1.6 如码头(港口)企业在煤炭装卸主营业务基础上,兼顾经营散杂货、油品等业务,根据管理需要,可新增专业化管理机构,如新增物流中心等。

4.2 专业设置

4.2.1 设置分类

4.2.1.1 生产运行类

a) 生产操作:作业调度、翻车机操作、堆料机操作、取料机操作、装船机操作、装船指挥等。

b) 设备检修:翻车机点检、堆料机点检、取料机点检、装船机点检等。

4.2.1.2 工程技术类

土建工程、机械工程、电气工程、供配电、控制工程、通信工程、信息安全、软件工程等。

4.2.1.3 管理类

a) 企业管理:经营管理层(包括公司级党政及工会负责人),中层管理(包括总助级、部门负责人及相应职级人员)。

b) 业务管理:行政及党务工作人员,群团工作人员,人力资源管理人员,财务、计划、统计、核算、安全、环保及采购管理人员,生产、班组及设备管理人员,信息化服务及后勤管理人员等。

4.2.1.4　辅助生产类

摘正钩、大班维修(机修工、电焊工、维修电工)、流机操作、巡视、皮带硫化、电工、清煤、库场、泵站操作、舱口指挥、解系缆等。

4.2.1.5　后勤服务类

安保、绿化、运输、道路清洁、餐饮服务、办公及会议服务等。

4.2.2　班组设置

4.2.2.1　码头(港口)企业生产运行、设备检修以"班"为管理单位,作为部门下设的一级管理单元,如生产运行部下设甲、乙、丙、丁四个班组。

4.2.2.2　采用大班组制,生产单位的设备操作及检修人员纳入同一班组管理,统一指挥协调。

4.2.2.3　生产运行部门的班组岗位按值班长(副值班长)、生产操作人员、设备检修人员三类设置。

5　定岗、定员

以国家能源投资集团有限责任公司下属二级单位,设计吞吐量3 500万t/a的专业化码头公司为标准模型,确定岗位定员标准。

5.1　生产运行人员

5.1.1　生产运行人员核定范围为翻车机、堆料机、取料机、装船机等的设备操作及检修人员。

5.1.2　生产运行岗位设置分类为中控调度员、供电调度员、翻车机司机、堆料机司机、取料机司机、装船机司机、翻车机设备点检员、堆料机设备点检员、取料机设备点检员、装船指导员、装船机设备点检员。

5.1.3　生产运行岗位每班定员见表1。

表 1　生产运行岗位每班定员

类别			定员标准		
			A类作业模式	B类作业模式	C类作业模式
生产操作人员	生产操作	供电调度员	1人	1人	1人
		中控调度员	3人	2人	2人
		车机司机	2人/台	1人/台	1人/线
		堆料机司机	1人/台	0.5人/台	
		取料机司机	1人/台	0.5人/台	1人/线
		装船机司机	1人/台	1人/台	
		装船指导员	1人/泊	1人/泊	1人/泊

表 1　生产运行岗位每班定员（续）

类别			定员标准		
			A 类作业模式	B 类作业模式	C 类作业模式
生产操作人员	设备检修	翻车机设备点检员	0.6 人/台	0.6 人/台	0.6 人/台
		堆料机设备点检员	0.5 人/台	0.5 人/台	0.5 人/台
		取料机设备点检员	0.5 人/台	0.5 人/台	0.5 人/台
		装船机设备点检员	0.6 人/台	0.6 人/台	0.6 人/台

5.1.4　B 模式下,翻车机司机与堆料机司机岗位合并为翻堆集控员;C 模式下,翻车机司机与堆料机司机岗位合并为翻堆集控员,取料机司机与装船机司机岗位合并为取装集控员。

5.1.5　采用筒仓工艺时,不单独配置堆料机司机和取料机司机岗位,相关职能调整至中控调度员。

5.1.6　采用卸船工艺时,定员配置为链式卸船机司机 1/台、桥式卸船机 2 人/台、卸船指导员 1 人/泊、卸船机设备点检员 0.6 人/台。

5.1.7　生产操作及设备检修人员备员 10%。

5.2　工程技术人员

5.2.1　工程技术人员核定范围为土建工程施工、设备机械及电气、高压供配电、自动化控制、通信及信息安全、软件开发等工作人员。

5.2.2　工程技术岗位设置分类为工程项目、土建维修、工程监督、绿化施工、机械技术、电气技术、供配电技术、控制系统技术、通信技术、信息安全技术、软件开发技术等。

5.2.3　工程技术岗位定员见表 2。

表 2　工程技术岗位定员

类别		定员 人
工程技术人员	工程项目	1
	土建维修	2
	工程监督	1
	绿化施工	1
	机械技术	7
	电气技术	7
	供配电技术	1
	控制系统技术	6
	通信技术	2
	信息安全技术	2
	软件开发技术	1
合计		31

5.3　业务管理人员

5.3.1　业务管理人员核定范围为行政及党群事务,人力资源管理,财务、计划、统计、核算、安全、环保及采购等业务,生产、班组及设备管理、信息化及后勤管理等人员。

5.3.2　业务管理岗位设置分类为行政事务、党群事务、纪检、人力资源、企业治理、财务会计、项目管理、统计核算、安全环保、采购及物资管理、商务及生产管理、班组管理、设备管理、信息化管理、后勤管理等。

5.3.3　业务管理岗位定员见表3。

表 3　业务管理岗位定员

类别		定员人
业务管理人员	行政事务	11
	党群事务	12
	纪检	3
	人力资源	7
	企业治理	5
	财务会计	9
	项目管理	7
	统计核算	6
	安全环保	17
	采购及物资管理	12
	生产管理	17
	班组管理	25
	设备管理	7
	信息化管理	2
	后勤管理	7
合计		147

5.3.4　业务管理人员包括部门内设的科室负责人和职能管理人员。二级组织机构负责人分为科级正职、科级副职,职能管理人员分为高级主管、主管等。

5.3.5　安全管理人员、党务人员配置标准不低于国家法律法规、党内规章及国家能源投资集团有限责任公司政策要求。

5.4　企业管理人员

5.4.1　企业管理人员核定范围为公司级领导人员、中层管理人员。

5.4.2　企业管理岗位设置分类为公司级领导人员包括党委书记、董事长、党委副书记、总经理、副董事长、纪委书记、副总经理、三总师、工会主席,中层管理人员包括总经理助理、副三总师及相应职级人员,部门负责人及相应职级人员。

5.4.3　业务管理岗位定员见表4。

表 4　业务管理岗位定员

类别		定员 人
企业管理 人员	公司级领导	5～7
	总经理助理级人员	1～3
	部门负责人	38
合计		44～48

5.4.4　公司级党群和行政领导人员可交叉兼任,具体配置按照管理权限确定。总助级人员职数按照国家能源投资集团有限责任公司政策和实际需要配置。

5.4.5　职能部门及直属机构负责人职数按照部门数量的2倍进行控制,生产单位部门负责人职数按照正职1名、副职2名的标准控制。

5.4.6　根据工作需要配置各直属党组织负责人。职能部门和直属机构的各党组织书记一般由部门正职或副职级人员兼任,生产单位配置1名专职书记(副书记)负责党建工作。

6　用工方式

专业化码头(港口)企业的不同岗位用工方式见表5。

表 5　各岗位用工方式

类别		用工方式
企业管理	公司级领导、中层管理人员	合同工
业务管理	业务管理人员	合同工
工程技术	工程技术人员	合同工
生产运行	生产操作及设备检修人员	合同工
辅助生产	摘正钩操作、机修工、电焊工、维修电工、流动机械司机、巡视工、皮带硫化工、值班电工、清煤工、库场工、泵站操作工、舱口指挥工、解系缆工等	业务外包
后勤服务	保安、绿化工、车辆司机、保洁工、餐饮服务、办公服务及会议服务等	业务外包

附 录 A
（资料性附录）
典型码头企业定员与配置方案

A.1 工作范围

将神华天津煤炭码头有限责任公司的煤炭装卸业务作为典型码头测算样本,按照 A、B、C 三类不同的作业模式分别进行测算。

A.2 边界条件

a) 本方案以神华天津煤炭码头有限责任公司的煤炭装卸业务的经营管理、工程技术、生产运行为测算对象,辅助生产及后勤服务采用业务整体委托承包的管理模式,不在本方案范围内。

b) 本方案分别采用三类标准对生产运行岗位进行测算,管理及技术岗位配员在本方案中三种作业模式下人员配置保持不变。

c) 生产岗位作业采用四班两运转模式,测算应考虑轮训系数及出勤率等因素影响。

d) 天津码头主要设备设施见表 A.1。

表 A.1 天津码头主要设备设施

设备名称		数量（台/套）	主要参数
翻堆区域	翻车机	4	4 000 T/H
	堆料机	4	4 000 T/H
取装区域	取料机	6	3 000 T/H 3 台、6 000 T/H 3 台
	装船机	3	6 000 T/H 3 台
	泊位	3	15 万吨级 1 个、7 万吨级 2 个

A.3 定员测算汇总

天津码头典型定员测算汇总见表 A.2。

表 A.2 天津码头典型定员测算汇总表

序号	专业类别	定员 人		
		A 类作业模式	B 类作业模式	C 类作业模式
总计		418	369	342
经营管理	管理层	7	7	7

表 A.2　天津码头典型定员测算汇总表（续）

序号	专业类别	定员 人		
		A 类作业模式	B 类作业模式	C 类作业模式
经营管理	中层管理（含总助级）	41	41	41
	小计	48	48	48
业务管理	行政事务	11	11	11
	党群事务	12	12	12
	纪检	3	3	3
	人力资源	7	7	7
	企业治理	5	5	5
	财务会计	9	9	9
	项目管理	7	7	7
	统计核算	6	6	6
	安全环保	17	17	17
	采购及物资管理	12	12	12
	生产管理	17	17	17
	班组管理	25	25	25
	设备管理	7	7	7
	信息化管理	2	2	2
	后勤管理	7	7	7
	小计	147	147	147
工程技术	工程项目	1	1	1
	土建维修	2	2	2
	工程监督	1	1	1
	绿化施工	1	1	1
	机械技术	7	7	7
	电气技术	7	7	7
	供配电技术	1	1	1
	控制系统技术	6	6	6
	通信技术	2	2	2
	信息安全技术	2	2	2
	软件开发技术	1	1	1
	小计	31	31	31

表 A.2　天津码头典型定员测算汇总表（续）

序号	专业类别	定员人		
		A 类作业模式	B 类作业模式	C 类作业模式
生产操作	供电调度员	5	5	5
	中控调度员	14	10	10
	翻车机司机	37	19	19
	堆料机司机	19	10	
	取料机司机	28	14	14
	装船机司机	14	14	
	装船指导员	14	14	14
	备员 10%	13	9	6
	小计	144	95	68
设备检修	翻车机设备点检员	11	11	11
	堆料机设备点检员	10	10	10
	取料机设备点检员	14	14	14
	装船机设备点检员	9	9	9
	备员 10%	4	4	4
	小计	48	48	48

A.4　各岗位人员配置

A.4.1　公司级领导人员 7 人。

A.4.2　总经理助理级人员 3 人。

A.4.3　职能部门及直属机构典型人员配置方案见表 A.3～表 A.5。

表 A.3　职能部门人员配置方案

办公室		党建工作部（党委办公室）		纪委办公室		组织人事部（人力资源部）	
岗位	定员	岗位	定员	岗位	定员	岗位	定员
主任	1	主任	1	主任	1	主任	1
副主任	1	副主任	1	副主任	1	副主任	1
行政秘书	2	党委秘书	1	监督检查	1	干部管理	1
接待管理	1	党建管理	2	纪律审查	1	用工管理	1

表 A.3　职能部门人员配置方案（续）

办公室		党建工作部（党委办公室）		纪委办公室		组织人事部（人力资源部）	
岗位	定员	岗位	定员	岗位	定员	岗位	定员
档案管理	1	新闻宣传	1	案件审理	1	培训管理	1
公司文书	1	企业文化	1			人才发展	1
		工会管理	1			薪酬绩效	1
		团青管理	1			社会保险	1
						退休管理	
						人事档案	1
合计	7	合计	9	合计	5	合计	9

表 A.4　职能部门人员配置方案

企业管理部		财务部		规划发展部		安全环保部	
岗位	定员	岗位	定员	岗位	定员	岗位	定员
主任	1	主任	1	主任	1	主任	1
副主任	1	副主任	1	副主任	1	副主任	1
公司运作	1	预算会计	1	规划设计	1	消防应急	1
制度流程	1	成本会计	1	计划管理	1	隐患管理	1
组织绩效	1	费用会计	1	项目外协	1	职业健康	1
法律事务	1	稽核会计	1	造价管理	1	安全教育	1
内控管理	兼	收入会计	1	统计管理	1	相关方管理	1
审计管理	1	税务会计	1			安全文化	1
		财务分析	1			安全体系	兼
		固定资产管理	1			环保管理	2
		财务信息化	兼				
		出纳	1				
合计	7	合计	11	合计	7	合计	10

注 1：不兼容岗位应独立设置，如法务、审计、监督检查、纪律审查、案件审理、组织人事、劳动用工、薪酬绩效、造价、会计、出纳等岗位独立设置。

注 2：职能部门不独立配置行政事务及党群事务岗位。

表 A.5　直属机构人员配置方案

设备部(技术中心)		信息中心		工程部		采购管理中心		后勤部	
岗位	定员	岗位	定员	岗位	定员	岗位	定员	岗位	定员
主任	1	主任	1	主任	1	主任	1	主任	1
副主任	1	副主任	1	副主任	1	副主任	1	副主任	1
设备项目管理	2	信息项目管理	1	工程项目	1	采购计划	2	物业管理	2
设备运行管理	2	信息化规划	1	土建管理	1	采购执行	3	餐饮管理	1
创新管理	1	信息安全工程师	2	水工管理	1	主数据管理	1	治安管理	1
车辆管理	1	通信工程师	2	工程质量	1	供应商管理	1	后勤维保	1
特种设备管理	1	控制系统工程师	2	绿化施工	1	仓储管理	5	车队管理	1
节能管理	1	软件开发工程师	1	安全环保	兼	安全环保	1	后勤资产	1
设备资产管理	1	信息资产管理	1	行政事务	兼	行政事务	兼	安全环保	1
供配电工程师	1	安全环保	兼	党群事务	兼	党群事务	兼	行政事务	兼
电气工程师	2	行政事务	1					党群事务	兼
机械工程师	2	党群事务	兼						
安全环保	1								
供电调度员	5								
行政事务	1								
党群事务	1								
合计	24	合计	13	合计	7	合计	15	合计	10

A.4.4　A 模式下生产单位典型人员配置方案见表 A.6。

表 A.6　A 模式下生产单位典型人员配置方案

生产运行部		生产业务部		生产保障部	
岗位	定员	岗位	定员	岗位	定员
主任	1	主任	1	主任	1
副主任	2	副主任	2	副主任	2
专职书记(副书记)	1	专职书记(副书记)	1	专职书记(副书记)	1
生产运行管理	3	生产计划管理	2	水系统管理	2
行政事务	2	货运质量管理	1	流机管理	2
党群事务	2	安全环保	1	机械技术员	1
安全环保管理	3	生产外协	2	电气技术员	1

表 A.6　A 模式下生产单位典型人员配置方案（续）

生产运行部		生产业务部		生产保障部	
岗位	定员	岗位	定员	岗位	定员
机械技术员	4	调度室管理	1	值班长	5
电气技术员	4	值班主任	5	库场管理	5
控制系统技术员	4	客户管理	2	外委管理	2
值班长	5	生产统计	2	安全环保	2
副值班长	5	商务稽核	3	行政事务	1
中控调度员	14	行政事务	1	党群事务	1
翻车机司机	37	党群事务	1		
堆料机司机	19				
翻车机设备点检员	11				
堆料机设备点检员	10				
取料机司机	28				
装船机司机	14				
装船指导员	14				
取料机设备点检员	14				
装船机设备点检员	9				
合计	206	合计	25	合计	26

A.4.5　B 模式下生产单位典型人员配置方案见表 A.7。

表 A.7　B 模式下生产单位典型人员配置方案

生产运行部		生产业务部		生产保障部	
岗位	定员	岗位	定员	岗位	定员
主任	1	主任	1	主任	1
副主任	2	副主任	2	副主任	2
专职书记(副书记)	1	专职书记(副书记)	1	专职书记(副书记)	1
生产运行管理	3	生产计划管理	2	水系统管理	2
行政事务	2	货运质量管理	1	流机管理	2
党群事务	2	安全环保管理	1	机械技术员	1
安全环保管理	3	生产外协	2	电气技术员	1

表 A.7　B 模式下生产单位典型人员配置方案（续）

生产运行部		生产业务部		生产保障部	
岗位	定员	岗位	定员	岗位	定员
机械技术员	4	调度室管理	1	值班长	5
电气技术员	4	值班主任	5	库场管理	5
控制系统技术员	4	客户关系管理	2	外委管理	2
值班长	5	生产统计	2	安全环保管理	2
副值班长	5	商务稽核	3	行政事务	1
中控调度员	10	行政事务	1	党群事务	1
翻车机司机	19	党群事务	1		
堆料机司机	10				
翻车机设备点检员	11				
堆料机设备点检员	10				
取料机司机	14				
装船机司机	14				
装船指导员	14				
取料机设备点检员	14				
装船机设备点检员	9				
合计	161	合计	25	合计	26

A.4.6　C 模式下生产单位典型人员配置方案见表 A.8。

表 A.8　C 模式下生产单位典型人员配置方案

生产运行部		生产业务部		生产保障部	
岗位	定员	岗位	定员	岗位	定员
主任	1	主任	1	主任	1
副主任	2	副主任	2	副主任	2
专职书记（副书记）	1	专职书记（副书记）	1	专职书记（副书记）	1
生产运行管理	3	生产计划管理	2	水系统管理	2
行政事务	2	货运质量管理	1	流机管理	2
党群事务	2	安全环保管理	1	机械技术员	1
安全环保管理	3	生产外协	2	电气技术员	1

表 A.8　C模式下生产单位典型人员配置方案（续）

生产运行部		生产业务部		生产保障部	
岗位	定员	岗位	定员	岗位	定员
机械技术员	4	调度室管理	1	值班长	5
电气技术员	4	值班主任	5	库场管理	5
控制系统技术员	4	客户关系管理	2	外委管理	2
值班长	5	生产统计	2	安全环保管理	2
副值班长	5	商务稽核	3	行政事务	1
中控调度员	10	行政事务	1	党群事务	1
翻车机司机	19	党群事务	1		
堆料机司机					
翻车机设备点检员	11				
堆料机设备点检员	10				
取料机司机	14				
装船机司机					
装船指导员	14				
取料机设备点检员	14				
装船机设备点检员	9				
合计	137	合计	25	合计	26

ICS 03.100.30
R 02

国家能源投资集团有限责任公司企业标准

Q/GN 0015—2020

航运企业劳动定员

Personnel Quota for Shipping Enterprise

2020-06-03 发布   2020-07-01 实施

国家能源投资集团有限责任公司   发 布

目　　次

前　言

本标准按照 GB/T 1.1—2009 给出的规则编写。

本标准由国家能源投资集团有限责任公司组织人事部提出并解释。

本标准由国家能源投资集团有限责任公司科技部归口。

本标准主要起草单位：国家能源投资集团有限责任公司组织人事部、航运公司。

本标准主要起草人：李侃、李常青、王秀元、刘海力、高鹏、吴迪、王思文、王爱军。

本标准首次发布。

本标准在执行过程中的意见或建议反馈至国家能源投资集团有限责任公司组织人事部。

引　言

推行航运企业本领域劳动定员标准化工作,不但使企业获得最佳的生产秩序以及经济效益和社会效益,还能够:

——对标一流,创建一流,持续优化,动态管理。积极与国内外一流企业对标,寻找差距,持续改进,不断提升,实现动态管理。突出前瞻性,兼顾开放性,符合集团公司发展战略。

——精干高效、效率优先。通过管理机制创新和流程优化,合理调整劳动组织结构,压缩管理层级,提高劳动效率。

——科学性、先进性、可操作性相结合。创新工作思路,运用新办法和新举措,切实解决当前管理工作中遇到的新情况、新问题。

——典型引领,以点带面、循序渐进、协调发展。选取典型企业和项目,做好典型研究,通过以点带面、循序渐进的方式分类完善标准。

航运企业劳动定员

1 范围

本标准规定了航运企业组织机构设置和劳动定员的标准。

本标准适用于国家能源投资集团有限责任公司运输板块中航运企业及其下属子分公司、生产单位及所属船舶的管理定编和岗位定员,管理层的机构设置、人员配备数量及限额,以及全口径劳动用工管理。

本标准适用于神华中海航运、天津国电海运、国电航运及以后新成立的同类型航运企业的管理机构设置及定员标准。

2 规范性引用文件

下列文件对于本文件的应用是必不可少的。凡是注日期的引用文件,仅所注日期的版本适用于本标准。凡是不注日期的引用文件,其最新版本(包括所有的修改单)适用于本标准。

LD/T 122—2019 劳动定员定额标准的结构和编写规则

ISM 规则 国际船舶安全营运和防污染管理规则

NSM 规则 中华人民共和国船舶安全营运和防止污染管理规则

《中华人民共和国船员条例》

《国内水路运输管理规定》(交通部〔2020〕4号令)

《中华人民共和国船舶最低安全配员规则》2018年修订版

《1978年海员培训、发证和值班标准国际公约》马尼拉修正案

《2006年海事劳工公约》

《1974年国际海上人命安全公约》

3 术语和定义

下列术语和定义适用于本标准。

3.1

航运管理 shipping management

航运管理:指接受船舶所有人或者船舶承租人、船舶经营人的委托从事海上货物运输,并对船舶实施有效和实质的控制,其范围涵盖船舶调度、运营、商务、船舶管理、船员管理及岸上基地管理等。

3.2

船舶分类　classification of ship

3.2.1　智能船舶（发展型船舶）　intelligent ship

根据国家《智能航运发展指导意见》的总体规划，未来一段时间船舶智能化程度还将长期处于 1.0 辅助决策阶段，对减少船舶定员作用不明显等情况，将公司未来新建造主力（智能型船舶）分为 A1、A2 两类。

3.2.1.1　**A1 类（外贸）船舶**

3.2.1.1.1　国际航行、载重吨位 4 万 t 以上的中国籍新造或新接散货型船舶（智能型船舶）。

3.2.1.1.2　具有基于自主学习的辅助决策特征，可实现系统及数据集成、辅助决策、全寿期的数据服务的功能。

3.2.1.2　**A2 类（内贸）船舶**

3.2.1.2.1　国内航行、载重吨位 2 万 t 以上的中国籍新造或新接散货型船舶（智能型船舶）。

3.2.1.2.2　具有基于自主学习的辅助决策特征，可实现系统及数据集成、辅助决策、全寿期的数据服务的功能。

3.2.2　**一般船舶（现有船型）general vessel**

一般船舶是指除客船类、液货船类之外的船舶。根据船舶种类、航区、船龄、吨位或总功率、船员值班、休息制度、自动化程度、技术状况、通航环境、航行时间及连续停航时间等状况将船舶分为 B1、B2、C、D 四类。

3.2.2.1　**B1 类（内外贸兼营）船舶**

3.2.2.1.1　国际或国内航行的中国籍船舶，包含小灵便型、大灵便型、巴拿马型、KA-MASARMAX 型、超巴拿马型及 MINI-CAPESIZE 型等现有散货类船舶。

3.2.2.1.2　机舱自动化程度为 AUT-0。

3.2.2.2　**B2 类（内贸）船舶**

3.2.2.2.1　国内（沿海）航行的中国籍船舶，包含小灵便型、大灵便型、巴拿马型、KA-MASARMAX 型、超巴拿马型及 MINI-CAPESIZE 型等现有散货类船舶。

3.2.2.2.2　机舱自动化程度为 AUT-0、AUT-1、BRC 半自动化及非自动化。

3.2.2.3　**C 类内河船舶**

3.2.2.3.1　内河航行的中国籍船舶，总吨位 3 000 总吨（主机功率 500 kW）及以上，主要指宜昌以下航线航行（下江型）或 J 级航段及长江葛洲坝以上水域航行（川江型）的散货类船舶。

3.2.2.3.2　机舱自动化程度为 AUT-0、AUT-1、BRC 半自动化或非自动化。

3.2.2.4 D 类船舶(封存船舶)

3.2.2.4.1　3 000 总吨(主机功率 3 000 kW)以上的海船,1 600 总吨(主机功率 1 500 kW)以上的内河船舶,经海事管理机构确认计划停泊 30 天以上的中国籍船舶。

3.2.2.4.2　机舱自动化程度为 AUT-0、AUT-1、BRC 半自动化或非自动化。

3.3

船舶与船员管控模式　control mode of ship and crew

3.3.1　船舶管理模式　ship management model

3.3.1.1　委托第三方型船舶管理:是指接受公司的委托在授权范围内从事船舶管理,对所管理的船舶并不享有实质控制权,且活动的费用及权利、义务、后果等均由公司承担的船舶管理模式。其范围涵盖船员的配备,船舶物料、备件的供应,船上的体系运行及海机务技术管理等。

3.3.1.2　委托第三方(紧密型监管)船舶管理:是指通过整合共享第三方船舶管理技术资源,统一调配船队管理关联方的人、财、物,创新安全健康管理,实现绿色航运、经济利益一体化的船舶管理模式。

3.3.1.3　自管型船舶管理:是指公司自行组建具有专业船舶管理技术的公司,并取得相应资质后开展船舶管理业务的船舶管理模式。

3.3.2　船员管理模式　crew management model

3.3.2.1　委托第三方型船员管理:是指船员用工形式全部劳务派遣,船员管理业务全部外包,公司实行有限度监管的船员管理模式。

3.3.2.2　混合型船员管理:是指船员用工形式以劳务派遣为主体,劳动合同制船员达到国家法定要求为辅助的混合用工模式,公司对第三方船员管理进行全面监管,对自有船员实行全面管理等条件下的船员管理模式。

3.3.2.3　团体型船员管理:是指船员用工形式以劳务派遣为主体,劳动合同制干部船员为辅助的混合用工模式(一般情况下干部船员全部自有),公司对劳务和自有船员的调配、培训、考核等业务均实行全面自主管理的船员管理模式。

3.4

劳动用工形式　form of employment

　　劳动用工必须树立为航运生产服务的思想,严格按照国家规定的各项劳动用工方针、政策和法规,坚持按照劳动定员标准,控制用工总量,建立适应新常态下的用工机制,降低人工成本,保障劳动者合法权益,加强思想政治工作的职业道德、技能教育,科学管理,调动员工的积极性,提高企业的经济效益,努力塑造一支思想先进、技术过硬、纪律严明、团结协作的员工队伍。

　　合同制员工。劳动合同制是指用人单位和劳动者通过依法订立劳动合同,建立劳动关系的人员。合同制员工主要适用于企业专业技术岗位、综合管理岗位人员,是企业员工队伍的主体。

　　劳务工。劳务工是指由用人单位与劳务输出单位通过签订劳务派遣协议所使用的人员。劳务工是各单位在船船的主要用工形式。

　　委外承包用工。委外承包用工是指和具有法人资质的企业,通过招投标使用的委外承包制劳动用工。

临时工。临时工是指由用人单位与劳动者签订劳动合同期限不超过一年的季节性或临时性的用工。

4 基本要求

企业应根据不同的生产规模、生产类型、生产环境及条件,建立符合本标准要求的组织机构和定员配置。

由于影响人员使用因素的不同,企业应按照本标准要求确保用人数量始终保持在规定的控制幅度内。

5 组织机构设置及定员标准

航运生产过程是流动的,点多,线长,分散性大,整体性强,基于这一特点,航运企业的管理层次要坚持"管理需要、管理宽度、管理层级、合理集权与分权、职责权统一,人是组织主体"的基本原则,避免"因人建庙",上下对口组织重叠,机构庞大,人多事少,职责不清等不良现象。

航运企业采用四级管理层级。即二级公司——三级公司——三级公司部室——船舶(班组)。

5.1 公司组织机构设置及定员标准

按照集团所属航运企业的特点,集团对运输板块的航运企业公司实行垂直领导,其中,二级公司为神华中海航运公司,三级公司的设置为神华中海航运(天津)公司、天津国电海运公司、国电航运公司。

5.1.1 公司总部组织机构设置

二级公司本部职能部门设置如图1所示。

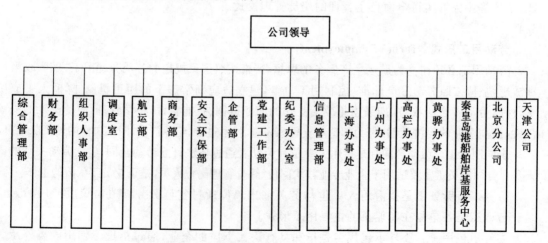

图 1 二级公司本部职能部门机构图

　　——职能部门：综合管理部、财务部、组织人事部、党建工作部、企管部、纪委办公室、信息管理部、航运部、调度室、商务部、安全环保部。

　　——执行部门：子公司、分公司、岸基中心、办事处。

5.1.2　二级公司总部组织机构设置及定员标准建议

二级公司总部职能部室数量和人员编制按以下标准控制：

控制运力 400 万载重吨以下，或年运量 6 000 万 t 以下，职能部门数量一般不超过 10个，人员编制一般不超过 90 人。

控制运力 400 万载重吨以上，或年运量 6 000 万 t 以上，职能部门数量一般不超过 12个，人员编制一般不超过 110 人。

对于生产经营任务重，安全压力大，地域分布广的分子公司，可在上述基础上适当增加职能部门 1~2 个，适当增加 5~10 人员编制。

部门负责人职数一般按照部门数量的 2 倍控制。确因工作特殊需要可适当放宽，但总职数原则上不超过部门数量的 2.5 倍。

以上总编制是指除公司领导班子成员外的总部人员编制。

二级公司总部机构设置和具体劳动定员按照集团公司批复的"定编定员"方案执行。

公司直属机构可根据业务管理需求和区域市场开发需求设置，名称可根据实际情况自行设置，人员编制一般在 10~15 人。对于生产经营任务重，安全压力大，地域分布广的直属机构，总编制不超过 20 人。

直属机构部门负责人参照职能部门负责人职数标准配备。

5.2　三级公司组织机构设置及定员标准设置说明

三级公司设置如图 2 所示。

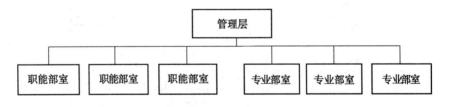

图 2　三级公司组织机构图

5.2.1　针对三级公司船舶管理、船员管理、航运管理模式不统一的实际情况，本标准分别制定了典型航运企业机构设置和定员标准模式。

5.2.2　标准中"子公司领导职数、职能机构数、生产机构设置标准及管理人员定员"均为执行标准，是标准的最高限额，不得突破。

5.2.3　标准中职能机构名称、职责范围、各职能部门定员为指导标准，各单位结合各自情况可做适当调整，但部门领导职数和工作人员定员不得突破单位定员总数。

5.2.4　本标准中的职工人数，系指本单位的生产人员定员人数。当年定员尚未下达时，可按上一年度的定员人数。

5.2.5　本标准使用"以下"和"以上"的含义定为"以上包括本身数，以下不包括本身数"。例如:10人以上包括10人,10人以下不包括10人。

5.3 三级单位职能部室

5.3.1 三级公司主要采用"大部制"设置。行政、人事、档案、信访、党建、纪检、共青团等综合业务归口综合管理部,中、小型航运企业,货、调等航运业务归口航运部。

5.3.2 三级公司如需要提高管理效率,对部分专业可实行扁平化管理,不设相应部门及部门负责人。

5.3.3 船员管理是公司从事航运综合管理业务的重要职能之一,业务涉及范围广,为保证船员管理秩序平稳、队伍稳定,当自有船员人数达到100人以上,或管理在船船员(含自有船员、劳务船员)数量400人以上,可设立独立的船员管理部门。

5.3.4 相对自管型船舶管理模式,设置团体型船员管理模式,目的是注重发挥公司、船员劳务公司及自有船员队伍之间组织协调功能,促进船舶管理水平的提升。

5.3.5 生产组织机构主要履行船舶安全运营、技术、环保等专业技术领域的监督(管理)职能,船舶管理部是船舶运营和设备维修的监督、操作管理和具体实施部门;船员管理部是船员的选聘调配、培训培养、绩效管理、适任跟踪、薪酬激励、证件管控等业务的统一监督和管理部门。

5.4 船舶

船舶现场管理组织体制,船舶实行"船长负责制"领导下的船舶部门班组管理体制。

5.4.1 船舶行政管理组织设置如图3所示。

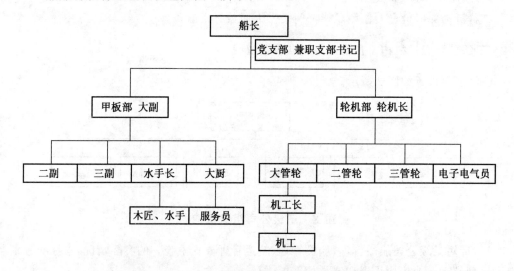

图3　船舶行政管理组织设置图

5.4.2 依据《中华人民共和国船员条例》第二十四条"船长在保障水上人身与财产安全、船舶保安、防治船舶污染水域方面,具有独立决定权,并负有最终责任",明确规定船舶实行船长负责制。

5.4.3 船长是船舶的第一责任人,是船舶最高领导。船长领导全船的生产、业务、安全、行政和技术工作,对船舶和人员安全、船舶防污染、运输生产和货物安全工作负领导责任。

5.4.4 船舶流动政委在各单位党委(总支)领导下,负责落实船舶党建共建工作、思想政治工作和船舶精神文明建设。

5.4.5　船舶落实安全管理责任制,坚持实行"统一领导、分工合作,分级管理、各负其责"的管理原则。

5.4.6　船舶设甲板部、轮机部,大副、轮机长分别为甲板部和轮机部的部门长。

5.5　船舶部门班组管理设置

各单位应根据"STCW 公约马尼拉修正案"对船舶驾驶台资源和机舱资源管理的要求,结合船队现场管理的现状,推行船舶部门班组管理,完善机构、制度和相应约束激励机制建设,强调各级船员,特别是职务船员在发挥技术骨干作用的同时,要充分发挥其管理能力、领导能力和团队协作能力,在船舶现场管理中起到积极向上的作用。船舶部门班组管理设置如图 4 所示。

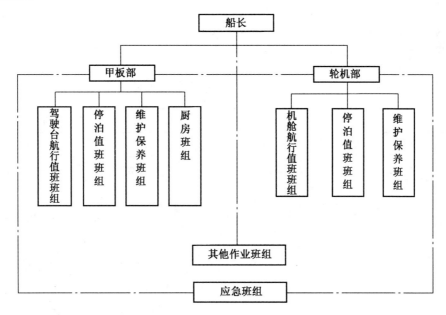

图 4　船舶部门班组管理设置图

5.5.1　船舶班组分类

根据船舶管理中的各类工作项目性质,船舶班组分成六类:航行值班班组、停泊值班班组、日常维护保养班组、应急班组、厨房班组、其他作业班组(指为完成非以上固定班组涉及的作业项目,而形成的临时组织,包括本部门或多个部门人员参与作业)。

5.5.2　设置方式

船舶班组以完成相应的船舶工作项目,由 2 人及以上船员组成的船舶最小组织单元。

5.5.3　设置说明

船舶班组设置各按驾驶员、水手;轮机员、机工;电子电气员(电工/机工);水手长、水手;

机工长、机工;大厨、服务员等两个岗位层级平行设置。各船舶可按照航行、停泊、作业、维护及应急管理等要求对管理级、操作级、支持级岗位进一步分级。

6　定岗、定员

6.1　船舶配员定员标准

6.1.1　A1类船舶配员定员标准

——工作范围:船舶航行、锚泊、作业、维护保养、设备操作及人员管理等。

——岗位设置:根据《船舶最低安全配员证书》的规定,结合船舶种类、航区、总吨/总功率等实际,设置船长、大副、二副、三副、水手长、木匠、一水、轮机长、大管轮、二管轮、三管轮、机工长、大厨、服务生岗位,船员上船任职必须持有中华人民共和国海事局颁发的相应航区、等级的适任证书。

——定员标准:17人/船。具体内容见表1。

表1　A1类外贸船舶定员标准

标准等级	岗位名称		定员员额	限制条件	执业资格要求
先进标准 (17人)	管理级 (4人)	船长	1	下限:《船舶最低安全配员证书》规定的具体配员数额	须持有相应航区、等级船长适任证书
		轮机长	1		须持有相应航区、等级轮机长适任证书
		支部书记	兼		
		大副	1		须持有相应航区、等级大副适任证书
		大管轮	1		须持有相应航区、等级大管轮适任证书
	操作级 (4人)	二副	1		须持有相应航区、等级二副适任证书
		二管轮	1		须持有相应航区、等级二管轮适任证书
		三副	1		须持有相应航区、等级三副适任证书
		三管轮	1		须持有相应航区、等级三管轮适任证书
		电子电气员			
		驾助			
		轮助			
		其他			
	支持级 (9人)	水手长	1		须持有相应航区、等级水手值班证书
		木匠	1		须持有相应航区、等级水手值班证书
		一水	4		须持有相应航区、等级水手值班证书
		二水			
		机工长	1		须持有相应航区、等级机工值班证书
		泵匠			

表 1　A1 类外贸船舶定员标准（续）

标准等级	岗位名称		定员员额	限制条件	执业资格要求
先进标准 （17 人）	支持级 （9 人）	一机		下限：《船舶最低安全配员证书》规定的具体配员数额	
		二机			
		电工			
		大厨＋厨工	1		须持有非值班船员适任证书
		服务员	1		须持有非值班船员适任证书
		其他			

注：船龄 10 年以上，可增加 1 名定员。

6.1.2　A2 类船舶配员定员标准

——工作范围：船舶航行、锚泊、作业、维护保养、设备操作及人员管理等。

——岗位设置：根据《船舶最低安全配员证书》的规定，结合船舶种类、航区、总吨/总功率等实际，设置船长、大副、二副、三副、水手长、木匠、一水、轮机长、大管轮、二管轮、三管轮、机工长、一机、大厨、服务生岗位，船员上船任职必须持有中华人民共和国海事局颁发的相应航区、等级的适任证书。

——定员标准：19 人/船。具体内容见表 2。

表 2　A2 类内贸船舶定员标准

标准等级	岗位名称		定员员额	限制条件	执业资格要求
先进标准 （19 人）	管理级 （4 人）	船长	1	下限：《船舶最低安全配员证书》规定的具体配员数额	须持有相应航区、等级船长适任证书
		轮机长	1		须持有相应航区、等级轮机长适任证书
		支部书记	兼		
		大副	1		须持有相应航区、等级大副适任证书
		大管轮	1		须持有相应航区、等级大管轮适任证书
	操作级 （4 人）	二副	1		须持有相应航区、等级二副适任证书
		二管轮	1		须持有相应航区、等级二管轮适任证书
		三副	1		须持有相应航区、等级三副适任证书
		三管轮	1		须持有相应航区、等级三管轮适任证书
		电子电气员			
		驾助			
		轮助			
		其他			

表 2　A2 类内贸船舶定员标准（续）

标准等级	岗位名称		定员员额	限制条件	执业资格要求
先进标准 （19 人）	支持级 （11 人）	水手长	1	下限:《船舶最低安全配员证书》规定的具体配员数额	须持有相应航区、等级水手值班证书
		木匠	1		须持有相应航区、等级水手值班证书
		一水	5		须持有相应航区、等级水手值班证书
		二水			
		机工长	1		须持有相应航区、等级机工值班证书
		泵匠			
		一机	1		须持有相应航区、等级机工值班证书
		二机			
		电工			
		大厨＋厨工	1		须持有非值班船员适任证书
		服务员	1		须持有非值班船员适任证书
		其他			

注：船龄 10 年以上,可增加 1 名定员。

6.1.3　B1 类船舶配员定员标准

——工作范围:船舶航行、锚泊、作业、维护保养、设备操作及人员管理等。

——岗位设置:根据《船舶最低安全配员证书》的规定,结合船舶种类、航区、总吨/总功率等实际,设置船长、大副、二副、三副、水手长、木匠、一水、轮机长、大管轮、二管轮、三管轮、电子电气员、机工长、一机、大厨、服务生岗位,船员上船任职必须持有中华人民共和国海事局颁发的相应航区、等级的适任证书。

——定员标准:21 人/船。具体内容见表 3。

表 3　B1 类（内、外贸兼营）船舶定员标准

标准等级	岗位名称		定员员额	限制条件	执业资格要求
一般标准 （21 人）	管理级 （4 人）	船长	1	下限:《船舶最低安全配员证书》规定的具体配员数额	须持有相应航区、等级船长适任证书
		轮机长	1		须持有相应航区、等级轮机长适任证书
		支部书记	兼		
		大副	1		须持有相应航区、等级大副适任证书
		大管轮	1		须持有相应航区、等级大管轮适任证书
	操作级 （5 人）	二副	1		须持有相应航区、等级二副适任证书
		二管轮	1		须持有相应航区、等级二管轮适任证书
		三副	1		须持有相应航区、等级三副适任证书

表 3　B1 类(内、外贸兼营)船舶定员标准(续)

标准等级	岗位名称		定员员额	限制条件	执业资格要求
一般标准 (21 人)	操作级 (5 人)	三管轮	1	下限:《船舶最低安全配员证书》规定的具体配员数额	须持有相应航区、等级三管轮适任证书
		电子电气员	1		须持有相应航区、等级电子电气员适任证书
		驾助			
		轮助			
		其他			
	支持级 (12 人)	水手长	1		须持有相应航区、等级水手值班证书
		木匠	1		须持有相应航区、等级水手值班证书
		一水	4		须持有相应航区、等级水手值班证书
		二水			
		机工长	1		须持有相应航区、等级机工值班证书
		泵匠			
		一机	3		须持有相应航区、等级机工值班证书
		二机			
		电工			
		大厨＋厨工	1		须持有非值班船员适任证书
		服务员	1		须持有非值班船员适任证书
		其他			

注 1:本标准为同类型船舶最高定员标准,限定支持级船员总数不超过 12 人(船龄 20 年以上,限定支持级船员总数不超过 13 人),但可根据船舶实际对木匠、一水、一机等支持级岗位具体人数自行调整。

注 2:本标准所列一水、一机职务中均涵盖海事部门要求的高级值班水手、高级值班机工。

注 3:因经营需要,B1 类船舶转为 B2 类船舶,仍可适用本文件。

注 4:在符合相应航区、等级的情况下,允许船员适任(值班)证书高代低。

注 5:未配备电子电气员的船舶,可相应配备电机员 1 名,但须持有非值班船员适任证书。

6.1.4　B2 类船舶配员定员标准

——工作范围:船舶航行、锚泊、作业、维护保养、设备操作及人员管理等。

——岗位设置:根据《船舶最低安全配员证书》的规定,结合船舶种类、航区、总吨/总功率等实际,设置船长、大副、二副、三副、水手长、木匠、一水、轮机长、大管轮、二管轮、三管轮、电子电气员、机工长、一机、大厨、服务生岗位,船员上船任职必须持有中华人民共和国海事局颁发的相应航区、等级的适任证书。

——定员标准:20 人/船。具体内容见表 4。

表 4 B2 类内贸船舶定员标准

标准等级	岗位名称		定员员额	限制条件	执业资格要求
一般标准 (20 人)	管理级 (4 人)	船长	1		须持有相应航区、等级船长适任证书
		轮机长	1		须持有相应航区、等级轮机长适任证书
		支部书记	兼		
		大副	1		须持有相应航区、等级大副适任证书
		大管轮	1		须持有相应航区、等级大管轮适任证书
	操作级 (5 人)	二副	1		须持有相应航区、等级二副适任证书
		二管轮	1		须持有相应航区、等级二管轮适任证书
		三副	1		须持有相应航区、等级三副适任证书
		三管轮	1		须持有相应航区、等级三管轮适任证书
		电子电气员	1	下限:《船舶最低安全配员证书》规定的具体配员数额	须持有相应航区、等级电子电气员适任证书
		驾助			
		轮助			
		其他			
	支持级 (11 人)	水手长	1		须持有相应航区、等级水手值班证书
		木匠	1		须持有相应航区、等级水手值班证书
		一水	4		须持有相应航区、等级水手值班证书
		二水			
		机工长	1		须持有相应航区、等级机工值班证书
		泵匠			
		一机	3		须持有相应航区、等级机工值班证书
		二机			
		电工			
		大厨+厨工	1		须持有非值班船员适任证书
		服务员			须持有非值班船员适任证书
		其他			

注 1: 本标准为同类型船舶典型定员标准,控制支持级船员总数不超过 11 人(船龄 20 年以上,控制支持级船员总数不超过 12 人),但可根据船舶实际对电机员、木匠、一水、一机等岗位具体人数自行调整,频繁出入通航环境复杂的长江等航道的,允许增员人数控制在 2 人以内。

注 2: 在符合相应航区、等级的情况下,允许船员适任(值班)证书高代低。

注 3: 未配备电子电气员的船舶,可相应配备电机员 1 名,但须持有非值班船员适任证书。

6.1.5　C类船舶配员定员标准

——工作范围:船舶航行、锚泊、作业、维护保养、设备操作及人员管理等。

——岗位设置:根据《船舶最低安全配员证书》的规定,结合船舶种类、航区、总吨/总功率等实际,设置船长、大副、二副、三副、水手、轮机长、二管轮、三管轮、机工岗位,船员上船任职必须持有中华人民共和国海事局颁发的相应航区、等级的适任证书。

——定员标准:8人/船。具体内容见表5。

表5　C类内河船舶定员标准

标准等级	岗位名称		定员员额	限制条件	执业资格要求
一般标准 (8人)	管理级 (3人)	船长	1	下限:《船舶最低安全配员证书》规定的具体配员数额	须持有相应航区、等级船长适任证书
		轮机长	1		须持有相应航区、等级轮机长适任证书
		支部书记			
		大副	1		须持有相应航区、等级大副适任证书
		大管轮			
	操作级 (3人)	二副	1		须持有相应航区、等级二副适任证书
		二管轮	1		须持有相应航区、等级二管轮适任证书
		三副	1		须持有相应航区、等级三副适任证书
		三管轮			
		电子电气员			
		驾助			
		轮助			
		其他			
	支持级 (2人)	水手长			
		木匠			
		一水	1		须持有相应航区、等级水手值班证书
		二水			
		机工长			
		泵匠			
		一机	1		须持有相应航区、等级机工值班证书
		二机			
		电工			
		大厨+厨工			
		服务员			
		其他			

注:本标准为内河下江型船舶典型定员标准,航行区域包括长江中、下游,连续航行作业时间超过16 h;对于航行区域涵盖长江上、中、下游,连续航行作业时间超过16 h的内河川江型船舶,可对管轮岗位自行调整(管轮人数不变),并增加水手2名。

6.1.6 D类船舶配员定员标准

——工作范围:根据停泊地的实际环境和船舶自身的安全需要进行有效值守。

——岗位设置:根据《停航船舶最低值守要求》的规定,设置大副、水手、大管轮、机工岗位,船员上船任职必须持有中华人民共和国海事局颁发的相应航区、等级的适任证书,且具有熟练的操作能力。

——定员标准:6人/船。具体内容见表6。

表 6 D 类封存船舶定员标准

标准等级	岗位名称		定员员额	限制条件	执业资格要求
一般标准（6人）	管理级（2人）	船长			
		轮机长			
		支部书记			
		大副	1		须持有相应航区、等级大副适任证书
		大管轮	1		须持有相应航区、等级管轮适任证书
	操作级（0）	二副			
		二管轮			
		三副			
		三管轮			
		电子电气员			
		驾助			
		轮助			
		其他		下限:《停航船舶最低值守要求》规定的具体配员数额	
	支持级（4人）	水手长			
		木匠			
		一水	2		须持有相应航区、等级水手值班证书
		二水			
		机工长			
		泵匠			
		一机	2		须持有相应航区、等级机工值班证书
		二机			
		电工			
		大厨＋厨工			
		服务员			
		其他			

注1:机驾合一的船舶可减少1人/船。

注2:遇台风等恶劣天气或紧急情况时,停航船舶应按照正常营运时的最低配员要求配备值守船员。

6.1.7　B类海船党建定员标准

——工作范围:代表公司协助船舶党支部开展党的建设及党风廉政建设工作,协助做好船员思想政治工作,发挥好公司与船舶之间的桥梁纽带作用,提升船舶党建共建工作水平,切实发挥船舶党建工作对船舶安全环保工作的促进和保障作用。

——岗位设置:船舶流动政委。

——定员标准:每5艘船舶设置流动政委1人,不占用具体各船舶定员。具体内容见表7。

表 7　船舶党建定员标准

船舶数量	10艘及以下	10艘～20艘(含)	20艘～40艘(含)	40艘以上
船舶流动政委定员定额	2	≤4	≤8	8(+)

注:每艘船舶定员中含不少于3名党员,并建立船舶党支部。

6.1.8　自有职务(高级)船员定员标准

——工作范围:船员职务规则。

——岗位设置:船长、大副、二副、三副、轮机长、大管轮、二管轮、电子电气员(电机员)、三管轮。

——定员标准:单船自有职务(高级)船员的比例不低于最低配员中的职务(高级)船员25%。具体内容见表8。

表 8　自有职务(高级)船员定员标准

船舶数量	单船	20艘(含)以下	20艘～40艘(含)	40艘以上
自有职务(高级)船员定员定额	2	≤40	40～80	80(+)

注1:依照《中华人民共和国船员条例》第四条的规定取得相应任职资格。

注2:公司与其直接订立一年以上劳动合同。

注3:如国家监管部门要求自有职务(高级)船员数量比例按实际在船船员确定,备员数量需要增加,备员系数按2.0倍设置。

6.2　船舶管理人员劳动定员标准

6.2.1　委托第三方型船舶管理定员标准

——定员范围:安监、体系、海务、机务、电气等专业技术类人员。

——设置岗位:各岗位根据需求设置。

——定员标准:见表9。

表 9　委托第三方型船舶管理定员标准

人员类别		岗位名称	定员员额				备注
			10 艘及以下	10 艘～20 艘(含)	20 艘～40 艘(含)	40 艘以上	
合计			2	7	10	11(＋)	
专业技术类	船长、轮机长、电气工程师	指定人员(DP)					
		安监		1	1	2	海务兼
		体系		1	1	1	海务兼
		海务	1	≤2	≤4	4(＋)	
		机务	1	≤3	≤4	4(＋)	
		电气					
一般管理类	其他	综合					

6.2.2　委托第三方(紧密型监管)船舶管理定员标准

——定员范围:指定人员(DP)、安监、体系、海务、机务、电气等管理类和专业技术类人员。

——设置岗位:各岗位根据需求设置。

——定员标准:见表 10。

表 10　委托第三方(紧密型监管)船舶管理定员标准

人员类别		岗位名称	定员员额				备注
			10 艘及以下	10 艘～20 艘(含)	20 艘～40 艘(含)	40 艘以上	
合计			3	8	15	16(＋)	
专业技术类	船长、轮机长、电气工程师	指定人员(DP)					海务兼
		安监		1	1	2	海务兼
		体系		1	1	1	海务兼
		海务	1	≤2	≤4	4(＋)	
		机务	2	≤4	≤8	8(＋)	
		电气			1	1	
一般管理类	其他	综合					

注:当管理船舶每增加 10 艘增加 1 名海务定员,当管理船舶每增加 5 艘增加 1 名机务定员。

6.2.3 自管型船舶管理定员标准

——定员范围:指定人员(DP)、安监、体系、海务、机务、电气及综合等管理类和专业技术类人员。

——设置岗位:各岗位根据需求设置。

——定员标准:见表 11。

表 11　自管型船舶管理定员标准

人员类别		岗位名称	定员员额				备注
			10 艘及以下	10 艘～20 艘(含)	20 艘～40 艘(含)	40 艘以上	
合计			5	9	17	18(＋)	
专业技术类	船长、轮机长、电气工程师	指定人员(DP)	1	1	1	1	管理层兼
		安监	1	1	1	2	
		体系		1	2	2	海务兼
		海务	1	≤2	≤4	4(＋)	
		机务	2	≤4	≤8	8(＋)	
		电气			1	1	
一般管理类	其他	综合			1	1	

注 1:本标准适用于建立安全管理体系的自管型内河船舶管理定员。

注 2:当管理船舶每达到 20 艘,可单独设置体系主管,增加 1 人定员。

注 3:当管理船舶每增加 10 艘增加 1 名海务定员,当管理船舶每增加 5 艘增加 1 名机务定员。

6.3　船员管理人员劳动定员标准

6.3.1　委托第三方型船员管理定员标准

——定员范围:指导船长、指导轮机长、调配、证培、商务、综合、绩效等专业技术类人员。

——设置岗位:各岗位根据需求设置。

——定员标准:见表 12。

表 12　委托第三方型船员管理定员标准

人员类别		岗位名称	定员员额	对应条件	备注
合计			2	船员用工形式为全部劳务派遣;船员管理业务全部外包。公司实行有限度监管,或船员用工形式为全部劳务派遣,但船舶定员人数较少的自管型内河船舶	
专业技术类	船长、轮机长	指导船长			
		指导轮机长			
	其他	自有船员管理			
		外委船员管理			
		调配	1		
		商务	1		
		绩效			
		综合			
		证培			

注:本标准也适用于内河船舶的船员管理定员。

6.3.2　混合型船员管理定员标准

——定员范围:指导船长、指导轮机长、自有船员管理、外委船员管理、调配、证培、商务、综合、绩效等专业技术类人员。

——设置岗位:各岗位根据需求设置。

——定员标准:见表13。

表 13　混合型船员管理定员标准

人员类别		岗位名称	定员员额	对应条件	备注
合计			5	船员用工形式以劳务派遣为主体,劳动合同制船员达到国家法定要求为辅助;公司对第三方船员管理进行全面监管;对自有船员实行全面管理	
专业技术类	船长、轮机长	指导船长			
		指导轮机长			
	驾驶员、轮机员及其他相关专业人员	自有船员管理	1		
		外委船员管理	1		
		调配	1		
		商务			
		绩效			
		综合	1		
		证培	1		

注:自有船员达到 100 人,增加 1 名定员;之后按每增加 100 人增加 1 名定员。

6.3.3 团体型船员管理定员标准

——定员范围:指导船长、指导轮机长、调配、商务、绩效、综合、证培等专业技术类人员。

——设置岗位:各岗位根据需求设置。

——定员标准:见表14。

表 14　团体型船员管理定员标准

人员类别		岗位	定员				对应条件	备注
			10艘及以下	10艘~20艘（含）	20艘~40艘（含）	40艘以上		
合计			5	7	10	10（+）	船员用工形式以劳务派遣为主体,劳动合同制干部船员为辅助的混合用工模式(一般情况下干部船员全部自有);公司对劳务和自有船员的调配、培训、考核等业务均实行全面自主管理	指导船长兼专职管理人员须持有效船长适任证书
专业技术类	船长、轮机长	体系						
		指导船长	1	1	1	1		
		指导轮机长	1	1	1	1		专职管理人员须持有效轮机长适任证书
	驾驶员、轮机员及其他相关专业人员	调配	1	2	4	4（+）		
		商务		1	1	1		
		绩效			1	1		
		综合	1	1	1	1		
		证培	1	1	1	1		

注1:当公司需要取得海事局颁发的船员外派服务机构资质时,需设体系主管、指导船长、指导轮机长岗位,可由部门内其他持有船长或轮机长有效适任证书人员兼职。

注2:每10艘船设调配主管1名。

7 航运管理业务

7.1 航运企业类型

根据年度货运量规模及船队运力规模大小,将航运企业划分为小型、中型、大型三类航运企业,具体如下:

　　a)　小型航运企业:年度货运量2 500万t以下或船队自有运力载重吨30万t以下的;

　　b)　中型航运企业:年度货运量2 500万t~5 000万t或船队自有运力载重吨30万t~200万t的;

　　c)　大型航运企业:年度货运量5 000万t以上或船队自有运力载重吨200万t以上的。

7.2 部门设置模式

7.2.1 航运公司业务职能高度整合,专业部门均可实行大部门制,仅设航运部、法商部业务管理部门。

7.2.2 船队自有运力载重吨 100 万 t 以上的,可设立独立的调度室。

7.2.3 船队自有运力载重吨 100 万 t 以上的,可设立独立的采购部门。

7.3 航运公司业务单元职能的相关内容

7.3.1 航运业务涵盖内容

生产计划制定、船舶营运操作、租船业务、市场开发、客户维护。

7.3.2 船舶调度涵盖内容

船舶调度指挥。

7.3.3 商务法务涵盖内容

商务结算、保险理赔、市场分析、收益管理。

7.3.4 燃油采购涵盖内容

燃油采购、统计分析。

7.4 航运公司业务单元基础岗位设置(按工作职能分解)

航运企业岗位参照以下基础岗位进行设置,同时,可根据规模大小、业务内容进行岗位合并或实行兼职。

7.4.1 航运管理业务

7.4.1.1 生产计划制定:生产计划。

7.4.1.2 船舶营运操作:航次操作、运营管理。

7.4.1.3 租船业务:租船、租船操作、租船结算。

7.4.1.4 市场开发:市场开发。

7.4.1.5 客户维护:客户经理。

7.4.2 船舶调度

船舶调度指挥:值班调度、营运调度、统计调度。

7.4.3 商务法务

7.4.3.1 商务结算:合同管理、费率管理、代理管理、运使费结算。

7.4.3.2 保险理赔:保险理赔、法务。

7.4.3.3 市场分析:市场研究。

7.4.3.4 收益管理:效益核算、效益分析。

7.4.4 燃油采购

7.4.4.1 燃油采购:采购计划、采购。

7.4.4.2 统计分析:燃油市场分析、燃油质量及油耗分析。

7.5 航运企业定员标准

7.5.1 小型航运企业业务单元定员标准

小型航运企业业务单元定员标准见表15。

表 15 小型航运企业业务单元定员标准

部门	岗位	定员	备注
合计		11	
航运部	生产计划		
	航次操作	2	
	运营管理		
	租船	1	
	租船操作		
	租船结算	1	航次操作兼
	市场开发	1	租船兼
	客户经理		
	运使费结算	1	
	合同管理	1	兼职
	值班调度	3	兼职
	驻电厂代表	5	
	法务保险	1	
	采购计划	1	燃油采购兼
	燃油采购	1	
	燃油市场分析	1	燃油采购兼

注1:航运业务按基本流程划分为基础业务单元组,每新增管理营运船舶5艘或年度新增货运量500万t,计为新增一个业务单元组,增加3人定员,具体可细分为租船、航次操作、运使费结算岗位各1人。

注2:当需要开发外贸业务且业务量稳定在100万t以上时,应单独设置外贸相关业务单元组,增加外贸租船、外贸航次操作、外贸运使费结算、外贸保险法务等岗位。外贸每新增管理营运船舶5艘,计为新增一个业务单元组,增加3人定员,具体可细分为外贸租船、外贸航次操作、外贸运使费结算岗位各1人。

注3:根据公司风险控制管理需求,各单位应对租船、运使费结算、市场开发、客户经理、燃油采购等关键业务岗位设立双岗。

7.5.2 中型航运企业业务单元定员标准

中型航运企业业务单元定员标准见表16。

表 16 中型航运企业业务单元定员标准

部门	岗位	定员	备注
合计		22	
航运部	生产计划	1	市场开发兼
	航次操作	3	
	运营管理		
	租船	2	
	租船操作	1	租船兼
	租船结算	1	租船操作兼
	市场开发	2	客户经理兼
	客户经理	2	
	运使费结算	2	航次操作兼
	合同管理	1	航次操作兼
	值班调度	4	
	营运调度	1	调度兼
	统计调度		
	采购计划	1	燃油采购兼
	燃油采购	1	
	业务外勤	2	
	小计	14	
商务部	费率管理	1	保险理赔兼
	代理管理		
	运使费结算		
	合同管理	2	法务兼
	保险理赔	2	
	法务	2	
	效益核算		

表 16　中型航运企业业务单元定员标准（续）

部门	岗位	定员	备注
商务部	效益分析		
	市场研究		
	小计	4	

注 1：航运业务按基本流程划分为基础业务单元组，每新增管理营运船舶 5 艘或年度新增货运量 500 万 t，计为新增一个业务单元组，增加 3 人定员，具体可细分为租船、航次操作、运使费结算岗位各 1 人。

注 2：当需要开发外贸业务且业务量稳定在 100 万 t 以上时，应单独设置外贸相关业务单元组，增加外贸租船、外贸航次操作、外贸运使费结算、外贸保险法务等岗位。外贸每新增管理营运船舶 5 艘，计为新增一个业务单元组，增加 3 人定员，具体可细分为外贸租船、外贸航次操作、外贸运使费结算岗位各 1 人。

注 3：如存在货运量 500 万 t 及以上的重点航线区域，各单位应考虑设立区域办事处或港口办事处。办事处业务以年度新增货运量 500 万 t 时为标准单元组增加人员，标准单元组设置为 3 人，具体可细分为市场开发、航次操作、运使费结算 3 个岗位设置。

注 4：根据公司风险控制管理需求，各单位应对租船、运使费结算、市场开发、客户经理、燃油采购等关键业务岗位设立双岗。

注 5：根据公司管理需求，当业务量不饱和情况下，市场开发岗位可由租船岗位兼，租船操作岗位可由航次操作岗位兼，保险理赔岗位、合同管理岗位可由法务岗位兼。

7.5.3　大型航运企业业务单元定员标准

大型航运企业业务单元定员标准见表 17。

表 17　大型航运企业业务单元定员标准

部门	岗位	定员	备注
合计		37+	
航运部	生产计划	2	
	航次操作	4+	
	运营管理	2	
	租船	2	
	租船操作	2+	航次操作兼
	租船结算	2+	运使费结算兼
	市场开发	2	租船兼
	客户经理	2	
	运使费结算	2+	
	小计	14+	

表 17   大型航运企业业务单元定员标准（续）

部门	岗位	定员	备注
法商部	费率管理	1	
	代理管理	1	
	运使费结算	4＋	
	合同管理	2	法务兼
	保险理赔	2	法务兼
	法务	2＋	
	效益核算	1	
	效益分析	1	市场研究兼
	市场研究	1	
	小计	10＋	
调度室	值班调度	5	
	营运调度	1	
	统计调度	1	
	小计	7	
采购部	燃油采购	2	
	物料滑油	1	
	备品备件	2	
	综合业务	1	
	小计	6	

注 1：航运业务按基本流程划分为基础业务单元组，每新增管理营运船舶 5 艘或年度新增货运量 500 万 t，计为新增一个业务单元组，增加 3 人定员，具体可细分为租船、航次操作、运使费结算岗位各 1 人。

注 2：当需要开发外贸业务且业务量稳定在 100 万 t 以上时，应单独设置外贸相关业务单元组，增加外贸租船、外贸航次操作、外贸运使费结算、外贸保险法务等岗位。外贸每新增管理营运船舶 5 艘，计为新增一个业务单元组，增加 3 人定员，具体可细分为外贸租船、外贸航次操作、外贸运使费结算岗位各 1 人。

注 3：如存在货运量 500 万 t 及以上的重点航线区域，各单位应考虑设立区域办事处及港口办事处。办事处业务以年度新增货运量 500 万 t 为标准单元组增加人员，标准单元组设置为 3 人，具体可细分为市场开发、航次操作、运使费结算 3 个岗位设置。

注 4：根据公司风险控制管理需求，各单位应对租船、运使费结算、市场开发、客户经理、燃油采购等关键业务岗位设立双岗。

7.6 区域办事处业务单元定员标准

区域办事处业务单元定员标准见表 18。

表 18　区域办事处业务单元定员标准

部门	岗位	定员	备注
合计		4	
区域办事处	市场开发	2	
	客户经理	2	市场开发兼
	航次操作	1	
	运使费结算	1	
	市场研究	1	市场开发兼
	合同管理	1	市场开发兼

注 1：办事处业务以年度新增货运量 500 万 t 为标准单元组增加人员，标准单元组设置为 3 人，具体可细分为市场开发、航次操作、运使费结算 3 个岗位设置。

注 2：根据工作内容，部分岗位可合并，也可实行兼职化，一人多岗，具体岗位名称可灵活设定。

7.7　岸基服务中心业务单元定员标准

岸基服务中心业务单元定员标准见表 19。

表 19　岸基服务中心业务单元定员标准

部门	岗位	定员	备注
合计		2	
岸基中心	外勤	1	
	岸基支持	1	
	值班调度		
	商务		

8　典型航运企业定员

8.1　典型船舶管理与船员管理企业定员与配置方案

8.1.1　A 类典型船舶管理公司定员与配置方案

工作范围：

公司依据 ISM/NSM 规则建立、实施安全管理体系，全面负责安全管理工作，保证船舶海上安全，防止人员伤亡，避免对环境，特别是海洋环境造成危害以及对财产造成损失。

用工方式：

工作范围业务主要采用合同制用工，辅助、后勤及服务业务采用劳务用工或业务外包。

边界条件：

——船舶管理采用自管型船舶管理模式。

——公司依据 ISM/NSM 规则建立、实施安全管理体系，承担所有相应的船舶管理责任和义务。

——管理自有船舶数量 20 艘及以上。

机构设置：

——职能部门：综合办公室、财务部。

——专业部门：船舶管理部、安监部。

A 类典型船舶管理公司机构图如图 5 所示，定员编制表见表 20。

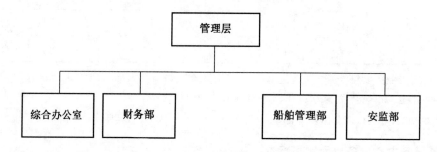

图 5　A 类典型船舶管理公司机构图

表 20　A 类典型船舶管理公司定员编制表

人员类别			岗位	定员		备注
				20 艘船舶	40 艘船舶	
合计				22	30	
经营管理类	管理层		公司领导	3	3	
			指定人员（DP）			兼职
			部门负责人	4	4	
专业技术类	安监体系	安监部	安监	1	1	
			体系	1	1	兼职
		小计		1	1	
	船舶管理	船舶管理部	海务	2	4	
			机务	4	8	
			电气		1	
			综合		1	
		小计		6	13	

表 20 A 类典型船舶管理公司定员编制表（续）

人员类别			岗位	定员		备注
				20 艘船舶	40 艘船舶	
一般管理类	综合管理	综合办公室	党群事务	1	1	
			纪检监察		1	兼职
			人事薪酬	1	1	
			综合行政	1	1	
			文秘文书		1	
			网络信息	1	1	
			综合后勤	1	1	
		小计		5	6	
		财务部	核算会计	2	2	
			管理会计			
			出纳	1	1	
		小计		3	3	

注 1：本标准中专业技术类岗位为中型航运公司业务单元的标准岗位设置，各单位可针对业务管理流程设置不统一的实际情况，一切从有利于业务管理需要出发，灵活调整岗位设置，但用工总量不得突破标准。

注 2：管理船舶每增加 5 艘时，船舶管理增加 1 名机务岗位定员；每增加 10 艘时，增加 1 名海务岗位定员。

注 3：管理船舶每增加 10 艘时，综合管理增加 1 名定员。

注 4：当管理船舶超过 25 艘时，船舶管理增加 1 名电气岗位定员，增加 1 名综合管理岗位定员。

8.1.2 A 类典型船员管理公司定员与配置方案

工作范围：

建立以"骨干船员自有化，通用船员社会化"为指导方针的新型船员人才队伍，全面负责船舶配员服务、国家法定船员资质培训等适任培训的管理和监督，做好船员离船后的相关管理工作。

用工方式：

综合管理岗位、专业管理岗位采用合同制用工，辅助、后勤及服务业务采用劳务用工或业务外包。

干部船员中的自有船员总量符合国家交通部相关规定要求。

边界条件：

——船员管理采用混合型船员管理模式。

——取得国家海事局颁发的船员服务机构许可证，或国家劳动保障行政部门颁发的劳务派遣经营许可证。

——依据船舶配员服务协议,提供全套配员服务船舶 10 艘及以上。

——管理自有船员数量 100 人以上。

——管理在船船员(含自有船员、劳务船员)数量 400 人以上。

机构设置:

——职能部门:综合办公室、财务部。

——专业部门:船员管理部、培训管理部。

A 类典型船员管理公司机构图如图 6 所示,定员编制表见表 21。

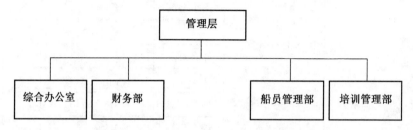

图 6　A 类典型船员管理公司机构图

表 21　A 类典型船员管理公司定员编制表

人员类别		岗位	定员		备注
			20 艘船舶	40 艘船舶	
合计			22	25	
经营管理类	管理层	公司领导	3	3	
		部门负责人	4	4	
专业技术类	船员管理	船员管理部	自有船员管理		1	
			外委船员管理			调配兼
			调配	≤2	≤4	
			商务	1	1	
			绩效			
			综合	1	1	
		小计	4	7	
	培训管理	培训管理部	指导船长	≤1	1	兼驾驶培训师
			指导轮机长	≤1	1	兼轮机培训师
			体系			兼职
			证书管理	1	1	培训兼
			培训	1	1	
		小计	3	3	

表 21　A 类典型船员管理公司定员编制表（续）

人员类别			岗位	定员		备注
				20 艘船舶	40 艘船舶	
一般管理类	综合管理	综合办公室	党群事务	1	1	
			纪检监察		1	党群事务兼
			人事薪酬	1	1	
			综合行政	1	1	
			文秘文书			
			网络信息	1	1	
			综合后勤	1	1	
		小计		5	5	
		财务部	核算会计	2	2	
			管理会计			
			出纳	1	1	
		小计		3	3	

注 1：本标准中专业技术类岗位为中型航运公司业务单元的标准岗位设置，各单位可针对业务管理流程设置不统一的实际情况，一切从有利于业务管理需要出发，灵活调整岗位设置，但用工总量不得突破标准。

注 2：当公司需要取得海事局颁发的船员外派服务机构资质时，须设体系主管、指导船长、指导轮机长岗位，指导船长、指导轮机长可同时兼职驾驶培训师、轮机培训师。

注 3：每 10 艘船设调配主管 1 名。

注 4：管理自有船员达到 100 人，船员管理增加 1 名定员；之后按每增加 100 人增加 1 名定员。

注 5：当管理船舶超过 25 艘时，船员管理增加 1 名自有船员管理岗位定员。

8.1.3　B 类船舶管理与船员管理典型公司定员与配置方案

工作范围：

根据安全生产标准化、安全风险预控体系、质量环境职业健康安全管理体系，结合有关法律法规、规则以及《船舶委托管理协议》《船员租用合同》的要求和约定，主要对托管船舶履行公司的船东义务及监管职责。

用工方式：

综合管理岗位、专业管理岗位采用合同制用工，辅助、后勤及服务业务采用劳务用工或业务外包。

干部船员中的自有船员总量符合国家交通部相关规定要求。

边界条件：

——船员管理采用混合型船员管理模式。

——船舶管理采用委托第三方(紧密型监管)船舶管理模式。

——公司建立安全管理体系,并取得国家监管机构颁发的符合证明。

——取得国家海事局颁发的船员服务机构资质证明,或国家劳动保障行政部门颁发的劳务派遣经营许可证。

——后勤等保障性服务优先采用社会化资源。

机构设置:

——职能部门:综合办公室、财务部。

——专业部门:船舶管理部、船员管理部。

B类船舶管理与船员管理典型公司机构图如图7所示,定员标准见表22。

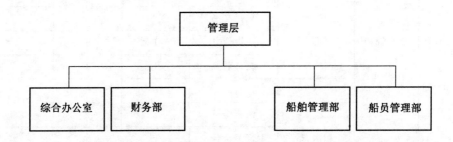

图 7　B 类船舶管理与船员管理典型公司机构图

表 22　B 类船舶管理与船员管理典型公司定员标准

人员类别			岗位	定员		备注
				20 艘船舶	40 艘船舶	
合计				≤476	934	
管理人员				27	38	
在船船员				449	898	
经营管理类	管理层		公司领导	4	5	
			部门负责人	≤4	4	
专业技术类	船舶管理	船舶管理部 (扁平化管理时 可不设置)	指定人员(DP)		1	管理层兼
			安监	1	2	可海务兼
			体系	1	1	海务兼
			海务	2	4	
			机务	≤4	8	
			电气		1	
		小计		≤6	13	

表22　B类船舶管理与船员管理典型公司定员标准（续）

人员类别			岗位	定员		备注
				20艘船舶	40艘船舶	
专业技术类	船员管理	船员管理部 （扁平化管理时 可不设置）	自有船员管理	1	1	
			外委船员管理	1	1	
			调配	1	1	
			证培	1	1	
		小计		4	4	
一般管理类	综合管理	综合办公室	党群事务	1	1	
			纪检监察		1	党群事务兼
			人事	1	1	
			薪酬	1	1	
			综合行政	1	1	
			文秘文书		1	
			网络信息	1	1	
			综合后勤	1	1	
		小计		6	7	
		财务部	核算会计	2	2	
			管理会计		1	
			出纳	1	1	
		小计		3	4	
船舶操作类	船舶	船员	在船船员	445	890	
			流动政委	4	8	
		小计		449	898	

注1：本标准中专业技术类岗位为中型航运公司业务单元的标准岗位设置，各单位可针对业务管理流程设置不统一的实际情况，一切从有利于业务管理需要出发，灵活调整岗位设置，但用工总量不得突破标准。

注2：扁平化管理时，不设相应部门及部门负责人。

注3：管理自有船员达到100人，船员管理增加1名定员；之后按每增加100人增加1名定员。

注4：管理船舶每增加5艘时，船舶管理增加1名机务定员；每增加10艘时，增加1名海务定员。

注5：管理船舶每增加10艘时，综合管理增加1名定员。

8.2　典型航运企业定员与配置方案

8.2.1　A类有船航运公司定员与配置方案

工作范围：

国内沿海及长江中下游普通货船运输，国际船舶普通货物运输，海上、航空、公路国际货运代理，货运代理，仓储（除危险品），装卸，船舶技术咨询及技术转让，船舶及配件买卖，船舶维修、保养，船舶租赁。

用工方式：

综合管理岗位、专业管理岗位采用合同制用工，辅助、后勤及服务业务采用劳务用工或业务外包。

边界条件：

——公司拥有自有船舶40艘以上。

——公司船队自有运力载重吨为200万t以上，或年度货运量达到5 000万t以上。

——船舶管理采用委托第三方型船舶管理模式。

——船员管理采用委托第三方型船员管理模式。

——船员用工以劳务派遣模式为主，干部船员中的自有船员总量符合国家交通部相关规定要求。

机构设置：

——职能部门：综合办公室、党群工作部（纪检监察部）、财务部。

——专业部门：航运部、法商部、调度室、安全技术部（船舶管理部）、采购部。

A类有船航运公司机构图如图8所示，定员标准见表23。

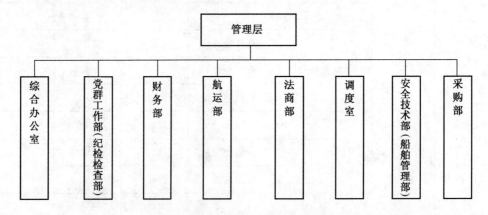

图8　A类有船航运公司机构图

表23　A类有船航运公司定员标准（年运量7 000万t，自有40艘船舶）

人员类别		岗位	人员	备注
合计			80	
经营管理类	管理层	公司领导	5	
		部门负责人	14	

表 23　A 类有船航运公司定员标准（年运量 7 000 万 t，自有 40 艘船舶）（续）

人员类别			岗位	人员	备注
专业技术类	航运管理	航运部	生产计划	2	
			航次操作	4+	
			运营管理	2	
			租船	2	
			租船操作	2+	航次操作兼
			租船结算	2+	运使费结算兼
			市场开发	2	租船兼
			客户经理	2	
			运使费结算	2+	
		小计		14	
	商务管理	法商部	费率管理	1	
			代理管理	1	
			运使费结算	4+	
			合同管理	2	法务兼
			保险理赔	2	法务兼
			法务	2+	
			效益核算	1	
			效益分析	1	市场研究兼
			市场研究	1	
		小计		10	
	调度管理	调度室	值班调度	5	
			营运调度	1	
			统计调度	1	
		小计		7	
	船舶管理	安全技术部（船舶管理部）	安监	1	海务兼职
			体系	1	兼职
			海务	2	
			机务	1	
			环保科技	1	
		小计		4	
	采购管理	采购部	燃油采购	2	
			物料滑油	1	
			备品备件	2	
			综合业务	1	
		小计		6	

表 23　A 类有船航运公司定员标准（年运量 7 000 万 t，自有 40 艘船舶）（续）

人员类别			岗位	人员	备注
一般管理类	综合管理	综合办公室	人事	1	
			薪酬	1	
			绩效培训	1	
			综合行政	2	
			文秘文书	1	
			网络信息	1	
			综合后勤	2	
		小计		9	
		综合办公室	财务部	核算会计	5
			管理会计	1	
			出纳	1	
		小计		7	
	党务管理	党群工作部	党建事务	1	
			纪检监察	1	
			群团	1	
			新闻宣传	1	
		小计		4	

注 1：航运业务按基本流程划分为基础业务单元组，每新增管理营运船舶 5 艘或年度新增货运量 500 万 t，计为新增一个业务单元组，增加 3 人定员，具体可细分为租船、航次操作、运使费结算岗位各 1 人。

注 2：当需要开发外贸业务且业务量稳定在 100 万 t 以上时，应单独设置外贸相关业务单元组，增加外贸租船、外贸航次操作、外贸运使费结算、外贸保险法务等岗位。外贸每新增管理营运船舶 5 艘，计为新增一个业务单元组，增加 3 人定员，具体可细分为外贸租船、外贸航次操作、外贸运使费结算岗位各 1 人。

注 3：年度新增货运量 500 万 t，可增加综合管理 1 人定员。

注 4：如存在货运量 1 000 万 t 及以上的重点航线区域，各单位应考虑设立区域办事处及港口办事处。办事处业务以年度新增货运量 500 万 t 标准单元组增加人员，标准单元组设置为 3 人，具体可细分为市场开发、航次操作、运使费结算 3 个岗位设置。

注 5：本标准中专业技术类岗位为大型航运公司业务单元的标准岗位设置，各单位可针对业务管理流程设置不统一的实际情况，一切从有利于业务管理需要出发，灵活调整岗位设置，但用工总量不得突破标准。

注 6：当公司设立董事会时，根据上级主管部门要求，按公司章程设置董事长、总经理岗位，其管理层中的公司领导班子编制按上级组织部门批复的数量执行。

注 7：当公司设置总经理助理、总法律顾问，新增部门负责人等岗位时，按上级单位批复的文件执行。

8.2.2　B类有船航运公司定员与配置方案(天津国电海运公司)

工作范围:

为国家能源投资集团有限责任公司所属电厂提供下水煤运输服务。

用工方式:

综合管理岗位、专业管理岗位采用合同制用工,辅助、后勤及服务业务采用劳务用工或业务外包。

干部船员中的自有船员总量符合国家交通部相关规定要求。

边界条件:

——公司拥有自有船舶 20 艘以上。

——公司年度货运量在 2 000 万 t～5 000 万 t,或船队自有运力载重吨在 50 万 t～200 万 t 的。

——船舶管理采用委托第三方型船舶管理模式。

——船员管理采用委托第三方型船员管理模式。

——船员用工均为劳务派遣模式。

机构设置:

——职能部门:综合办公室、财务部。

——专业部门:航运部、法商部、船舶管理部。

B类有船航运公司机构图如图 9 所示,定员标准见表 24。

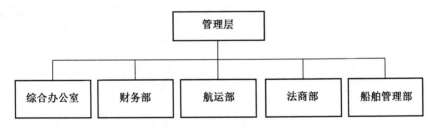

图 9　B类有船航运公司机构图

表 24　B类有船航运公司定员标准(4 000 万 t,自有 20 艘船舶)

人员类别			岗位	人员	备注
合计				52	
经营管理类	管理层		公司领导	6	
			部门负责人	10	
专业技术类	航运管理	航运部	生产计划	1	市场开发兼
			航次操作	3	
			运营管理		
			租船	2	

表 24　B 类有船航运公司定员标准（4 000 万 t，自有 20 艘船舶）（续）

人员类别			岗位	人员	备注
专业技术类	航运管理	航运部	租船操作	1	租船兼
			租船结算	1	租船操作兼
			市场开发	2	客户经理兼
			客户经理	2	
			运使费结算	2	航次操作兼
			合同管理	1	航次操作兼
			值班调度	4	
			代理管理	1	调度兼
			统计调度		
			采购计划	1	燃油采购兼
			燃油采购	1	
			业务外勤	2	
		小计		14	
	商务管理	法商部	费率管理	1	保险理赔兼
			代理管理		
			运使费结算		
			合同管理	2	法务兼
			保险理赔	2	
			法务	2	
			效益核算		
			效益分析		
			市场研究		
		小计		4	
	船舶管理	船舶管理部	安监	1	海务兼
			体系	1	海务兼
			海务	2	
			机务	2	
			综合业务	2	
		小计		6	

表 24 B类有船航运公司定员标准（4 000 万 t，自有 20 艘船舶）（续）

人员类别			岗位	人员	备注
一般管理类	综合管理	综合办公室	党群事务	1	
			纪检监察	1	党群事务兼
			行政管理	1	
			人事薪酬	1	
			综合行政	1	
			文秘文书	1	
			网络信息	1	
			综合后勤	2	
		小计		8	
		财务部	核算会计	3	
			管理会计		
			出纳	1	
		小计		4	

注 1：航运业务按基本流程划分为基础业务单元组，每新增管理营运船舶 5 艘或年度新增货运量 500 万 t，计为新增一个业务单元组，增加 3 人定员，具体可细分为租船、航次操作、运使费结算岗位各 1 人。

注 2：当需要开发外贸业务且业务量稳定在 100 万 t 以上时，应单独设置外贸相关业务单元组，增加外贸租船、外贸航次操作、外贸运使费结算、外贸保险法务等岗位。外贸每新增管理营运船舶 5 艘，计为新增一个业务单元组，增加 3 人定员，具体可细分为外贸租船、外贸航次操作、外贸运使费结算岗位各 1 人。

注 3：年度新增货运量 500 万 t，可增加综合管理 1 人定员。

注 4：如存在货运量 1 000 万 t 及以上的重点航线区域，各单位应考虑设立区域办事处及港口办事处。办事处业务以年度新增货运量 500 万 t 为标准单元组增加人员，标准单元组设置为 3 人，具体可细分为市场开发、航次操作、运使费结算 3 个岗位设置。

注 5：本标准中专业技术类岗位为中型航运公司业务单元的标准岗位设置，各单位可针对业务管理流程设置不统一的实际情况，一切从有利于业务管理需要出发，灵活调整岗位设置，但用工总量不得突破标准。

注 6：当公司设立董事会时，根据上级主管部门要求，按公司章程设置董事长、总经理岗位，其管理层中的公司领导班子编制按上级组织部门批复的数量执行。

注 7：当公司设置总经理助理、总法律顾问，新增部门负责人等岗位时，按上级单位批复的文件执行。

注 8：当公司存在煤炭销售等非航运类主营业务时，该部门现有编制维持不变，需要增人时，参照国家能源投资公司其他相应板块公司定员标准执行。

8.2.3 C类有船航运公司定员与配置方案（武汉国电航运公司）

工作范围：

负责长江干流及支流省际普通货船运输和内河煤炭物流运输等业务。

用工方式：

综合管理岗位、专业管理岗位采用合同制用工，辅助、后勤及服务业务采用劳务用工或业务外包。

干部船员中的自有船员总量符合国家交通部相关规定要求。

边界条件：

——负责长江内河运输业务。

——公司运力以租用市场运力为主，拥有自有运力。

——船舶管理采用委托第三方型船舶管理模式。

——船员管理采用委托第三方型船员管理模式。

——船员用工均为劳务派遣模式。

机构设置：

——职能部门：综合办公室、财务部。

——专业部门：航运部、船舶管理部。

C 类有船航运公司机构图如图 10 所示，定员标准见表 25。

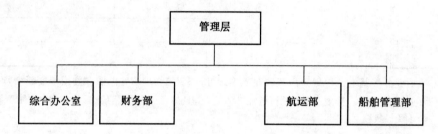

图 10   C 类有船航运公司机构图

表 25   C 类有船航运公司定员标准

人员类别			岗位	人员	备注
合计				29	
经营管理类	管理层		公司领导	3	
			部门负责人	5	
专业技术类	航运管理	航运部	生产计划	1	
			航次操作		
			运营管理		
			租船		
			租船操作		
			租船结算	1	
			市场开发		
			客户经理		

表 25 C 类有船航运公司定员标准（续）

人员类别			岗位	人员	备注
专业技术类	航运管理	航运部	运使费结算		
			合同管理	1	
			值班调度		
			驻电厂代表	8	
			法务保险		
			采购计划		
			燃油采购		
			燃油市场分析		
		小计		11	
	船舶管理	船舶管理部	安监	1	
			体系	1	海务兼职
			海务	1	
			机务	1	
		小计		3	
一般管理类	综合管理	综合办公室	党群事务	1	
			纪检监察	1	党群事务兼
			人事薪酬	1	
			文秘文书	1	
			网络信息	1	
			综合后勤	1	
		小计		5	
		财务部	核算会计	1	
			管理会计		
			出纳	1	
		小计		2	

注 1：本标准中专业技术类岗位为江运公司业务单元的标准岗位设置，各单位可针对业务管理流程设置不统一的实际情况，一切从有利于业务管理需要出发，灵活调整岗位设置，但用工总量不得突破标准。

注 2：当公司设置总经理助理，新增部门负责人等岗位时，按上级单位批复的文件执行。

注 3：外租船货运量每增加 1 000 万 t，增加合同管理（或租船结算）1 人定员，增加驻电厂代表 4 人定员。

注 4：货运量每增加 2 000 万 t，增加生产计划岗位、核算会计岗位各 1 人定员。

注 5：自有运力每增加 5 艘，增加安监岗位、海务岗位、机务岗位各 1 人定员。

8.3　典型区域办事处定员与配置方案

工作范围：

负责区域内的市场开发、客户维护工作。

用工方式：

综合管理岗位、专业管理岗位采用合同制用工，辅助、后勤及服务业务采用劳务用工或业务外包。

边界条件：

——当业务量为 500 万 t 以下时，考虑先期设立区域临时工作组。

——当区域业务量稳定在 500 万 t 以上时设立区域办事处，当区域业务量稳定在 1 000 万 t 以上时可考虑设区域公司。

典型区域办事处定员与配置方案定员标准见表 26。

表 26　典型区域办事处定员与配置方案定员标准

人员类别		岗位	业务规模			备注
			700 万 t	1 200 万 t	2 000 万 t	
合计			10	14	22	
经营管理类	管理层	负责人	1	2	3	
专业技术类	航运管理	市场开发	2	2	3	
		客户经理	2	2	3	
		航次操作	1	2	2	
		运使费结算	1	2	3	
		市场研究			1	
		合同管理	1	1	1	
		小计	7	9	13	
一般管理类	综合管理	综合管理	1	2	3	
		后勤行政	1	1	3	
		小计	2	3	6	

注 1：当成立区域临时工作组时，人员由各单位抽调，不增加定员。

注 2：当成立区域办事处（区域公司）时，根据区域客户特点、货运量核定基础定员。

注 3：区域办事处（区域公司）业务以年度新增货运量 500 万 t 为标准单元组增加人员，标准单元组设置为 3 人，具体可细分为市场开发、航次操作、运使费结算 3 个岗位设置。

注 4：年度新增货运量 500 万 t，可增加综合管理 1 人定员。

注 5：当成立区域公司时，机构设置及岗位定员参照小型航运公司执行。

8.4　典型船舶岸基服务中心定员与配置方案

工作范围：

负责自有船舶在北方装港的现场协调，强化船、货、泊衔接，加大疏港力度，提高船舶运营效率，为船舶提供加油监控、污油水清退、燃油盘点、口岸单位协调、应急事务处理等岸基支持，为公司生产经营目标的实现提供保障。

用工方式：

综合管理岗位、专业管理岗位采用合同制用工，辅助、后勤及服务业务采用劳务用工或业务外包。

边界条件：

——年度货运量集中的港口区域可设置船舶岸基服务中心。

典型船舶岸基服务中心定员与配置方案定员标准见表 27。

表 27　典型船舶岸基服务中心定员与配置方案定员标准

人员类别		岗位	业务规模			备注
			500 万 t 以下	500 万 t～2 000 万 t	2 000 万 t 以上	
合计			5	8	13	
经营管理类	管理层	负责人	1	1	1	
专业技术类	岸基服务	外勤	1	2	2	
		岸基支持	1	2	2	
		值班调度			4	
		商务		1	1	
	小计		2	5	9	
一般管理类	综合管理	综合管理	1	1	2	
		后勤行政	1	1	1	
	小计		2	2	3	

注： 当货运量达到 2 000 万 t 以上时，设置值班调度岗位，增加 4 人定员。

参 考 文 献

[1] 《中华人民共和国工种分类目录》

[2] 《中华人民共和国职业分类大典》

[3] 《中华人民共和国海上交通安全法》

[4] 《中华人民共和国船舶安全监督管理规则》

[5] 《中华人民共和国船舶安全营运和防止污染管理规则》

[6] 《国际船舶安全营运和防止污染管理规则》

[7] 《中华人民共和国内河交通安全管理条例》

[8] 《停航船舶安全与防污染监督管理办法》

[9] 《中华人民共和国海船船员船上培训管理办法》(海船员〔2018〕545号)

[10] 《中华人民共和国海员外派管理规定》(交通部〔2011〕第3号令)

[11] 《停航船舶最低值守要求》

[12] 《交通运输部办公厅关于进一步加强航运公司安全管理工作的意见》(交办海〔2019〕2号)